JN298061

# らんちゅうの教科書

山田勝久　著・写真
一色直裕　写真

緑書房

# もくじ

04 まえがき

## 05　第1章　らんちゅうの基本

06　1年の飼育の流れ
10　1年の成長過程
12　同一魚の色の変化
13　らんちゅうの3年　当歳魚～弐歳魚～親魚
14　飼育の前に
17　らんちゅうの体制模式図
18　らんちゅうの模様一覧

## 19　第2章　基本的な飼育について

20　飼育の基本

## 33　第3章　飼育暦
### 冬眠明け～産卵

34　仔引きとは
36　2月　らんちゅうを起こす
40　3～4月　交配と産卵

## 49　第4章　飼育暦
### 孵化～黒仔の選別

50　3～4月　卵の孵化
52　孵化後1週目
56　孵化後2～3週目
58　孵化後3～4週目
61　孵化後4～6週目
66　孵化後6～7週目
68　初心者のための選別方法

| | |
|---|---|
| 71 | **第5章　飼育暦**<br>色変わり〜完成 |

72　孵化後7〜10週目
74　孵化後10〜15週目
76　孵化後15〜22週目
78　8〜9月
80　9〜10月
82　11〜12月
84　1月

| | |
|---|---|
| 85 | **第6章**<br>らんちゅう用語集＆傷（欠点）一覧 |

86　らんちゅう用語集
90　写真で見る主な傷
92　その他の傷

| | |
|---|---|
| 93 | **第7章**<br>達人による魚評付き　優等魚一覧 |

94　2009年　第45回 京浜らんちゅう会 秋季品評大会
96　2010年　第46回 京浜らんちゅう会 秋季品評大会
98　2011年　第47回 京浜らんちゅう会 秋季品評大会
100　2012年　第48回 京浜らんちゅう会 秋季品評大会

102　あとがき

らんちゅうの教科書

# まえがき

「金魚・熱帯魚は飼っているけど、金魚の王様といわれているらんちゅうは何だか飼育が難しそうで、すぐに死んでしまいそうだから、なかなか第一歩を踏み出せない」

こう思っている方が多くいらっしゃるようですが、らんちゅう飼育とは、基礎をしっかりと覚えれば決して難しいものではありません。本書では1年を通してらんちゅうを上手に育てるコツを紹介していますので、ぜひ参考にしてらんちゅう飼育を始め、らんちゅうの広くて深い世界を感じていただけたらと思います。

また数年来らんちゅうを飼育して仔引きも始めたという愛好家のなかでも、毎年7〜8月になるとなぜか形が崩れた魚になってしまう方と、よい魚を毎年のように作り出せる方に分かれます。

うまくいかない方は、「種魚のせいだ」と考えて種魚を買い集め仔引きをするものの、よい魚ができたと思えば死なせてしまうということを毎年繰り返します。また「なぜ、業者やベテラン愛好家はよい魚を毎年作ることができるのだろう。きっと池の数が多いからだ」と決めつけている方も多くいます。

確かに、池の数は多いほうがよい魚を作り出す確率が高くなるのですが、池数が少なくても完成度の高いらんちゅうを作り出している人は大勢います。ただし、池の数が少ない、池が小さいという場合はハンデとなりますから、水換え、給餌、そして特に選別には妥協が許されません。まずは、池の大きさに合った尾数と割水をしながらの水換えをマスターすることが近道といえます。ちなみに「選別」「選りっ仔」「ヨリます」などという言葉の意味は、「選んで捨てろ」ということです。下手な人ほどいろいろな入れ物にハネ魚を残している傾向があります。「選別から漏れた魚は見直すことはしないで捨てる」ということを本書を通してしっかりと身につけて実行してください。そして、自分の池の環境に合わせた飼育方法を見つけ、らんちゅう飼育を上手に楽しんでほしいと思います。

自分で作り上げたらんちゅうが品評会で入賞するのは、たとえ優等賞でなくとも嬉しいものです。家っ仔（うちっこ）が番付に載った時は感動的です。

本書は、仔引きをしても魚を作り切れない方や、らんちゅうをもう少し大きく作りたいという方にとって参考になる内容となっています。また、らんちゅう飼育は若者から高齢者まで長く楽しめる趣味ですので、本書を通して1年間の飼育リズムを覚えることで、よいらんちゅうを作れるようになっていただけたら幸いです。

山田勝久

# 第 1 章

## らんちゅうの基本

# 1年の飼育の流れ

▶ 1月

　1月はらんちゅうを冬眠させています。冬囲い（波板、ビニールなどで池を覆い寒さから守る囲い）をしましょう。魚たちは寒さの中で静かに冬眠中ですので、池の水が減っているようでしたら、同温か1～2℃高い新水を足してください。1月早々に水換えをして冬眠から起こし、ヒーターで水温を上げて卵を早採りする方もいますが、リスクもあり、苦労する割には好結果は少ないようです。通常は1月は静かに冬眠させて、2～3月に起こします。

【水温4～7℃】
【水換え0回】

▶ 2月

　2月も通常はまだ冬眠中の期間ですが、近年、温暖化の影響のためか青水ができ過ぎ（青水が濃くなり過ぎ）てしまい、よい状態の水質が保てず、2月半ばには水換えが必要となる結果、らんちゅうを冬眠から起こすことになってきています。ただし、まだ水温も低いので餌はしばらく控えたほうがよいでしょう。

　2月は前半と後半では気温の差がかなりあり、水換えや差し水のミスは3～4月の産卵に影響します。また産卵後に親魚を落とす（死なせる）ことにもなるので、水換えには割水を十分にすることを心掛けてください。

【水温3～10℃】
【水換え1～2回（割水＝古水6：新水4）】

冬眠中はできるだけ魚に刺激を与えないよう注意しながら、日々の観察はしっかりと行う。

▶ 3月

　冬眠から起こし、春の彼岸を過ぎると暖かくなり水温も上がるので、青水の濃淡に気をつけましょう。餌はよく食べるようになりますが、過食には注意が必要です。腹八分目より少なめでよく泳ぎ回る状態が、産卵を早めます。オスは青水の中を泳ぐことで発情します。

　3月中旬より産卵が始まります。産卵のための水草（人工藻でも可）や敷巣、稚魚の餌となるブラインシュリンプを準備します。

【水温7～18℃】
【水換え4～6回（割水＝古水5～4：新水5～6）】

冬眠中は、波板などで冬囲いをする。

産卵の季節の前には産卵床となる藻や人工水草などを用意しておく。

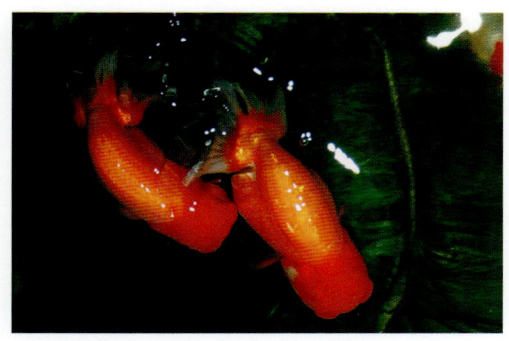

繁殖期を迎えた親魚は、オスがメスを追うようになる。

### ▶ 4月

4月は全国的に産卵の時期を迎えます。しかし「早く産卵しろ」と過剰な水換え（新水のみの換水など）を行ったり、過食させたりしないように注意しましょう。

3～4月に見た目が急に大きくなるようなメスは、産卵しにくい体質になってしまうことがあります。

品評会用の二歳魚や三歳魚の魚体を大きく作る場合も4～5月が1番育つ時期です。

【水温10～22℃】
【水換え5～6回（割水＝古水5～3：新水5～7）　当歳魚（稚魚）水換え5～7日に1回（割水＝古水4～3：新水6～7）】

### ▶ 5月

5月は、らんちゅうの仔引き（繁殖）をしている人にとっては、最も楽しい時期の一つです。稚魚、黒仔の選別で非常に忙しく、大変ながらも充実した期間です。5月中旬からは、らんちゅう専門業者などの初売り出しが始まります。仔引きをしない方でも黒仔を購入して育成を楽しめるようになります。

5月中旬より水温が高くなると、サラ水（新水だけ）の水換えではエラ病に罹ってしまうことが多いので、割水することを心掛けましょう。

【水温10～25℃】
【水換え5～8回（割水＝古水5～3：新水5～7）　当歳魚　水換え6～8回（割水＝古水4～3：新水6～7）】

### ▶ 6月

初心者、または初めてらんちゅうを飼育してみたいと思っている方にとって、6月に始めるのが一番よいといえます。この頃には稚魚から黒仔へと育ち、飼いやすい大きさへと成長したらんちゅうが販売されている時期だからです。そのうえ体形の変化、色変わりを楽しめ、秋までには鶏卵大まで育てられます。

黒仔になり、らんちゅうらしくしっかりとした体付きとなり、豆らんちゅうといえる魚へと成長します。月末には愛好会による研究会が始まります。

【水温15～28℃】
【水換え5～8回（割水＝古水3：新水7）
当歳魚　水換え6～8回（割水＝古水3～2：新水7～8）】
※この頃には、ヨシズなどの日避けが必要になります。気温が高くとも割水をするようにしましょう。

### ▶ 7～8月

小さい魚は小指大、大きな魚では親指大と、黒仔の大小の差が広がる時期です。この頃らんちゅうは1年で一番育ちますが、同時に飼

育水の水質が悪化しやすい時なので、水換えは定期的にしっかりと行います。
　高温により飼育水ができ過ぎた時は、同温の新水で差し水（池水を半分抜き新水を入れる）するか、水換えを1日早くするなどの対策が必要になります。この時期は、ヨシズなどの日除けをしても30℃を超す水温になります。
　らんちゅうは徐々に上がる水温にはある程度耐えられますが、それでもしっかりとした日除けと水換えが必須となるのが7～8月の飼育です。らんちゅうは8月にはほぼ形が決まります。
【水温23～33℃】
【水換え7～10回（割水＝古水1～0.5：新水9～9.5）】
※7～8月は予定外の水換えがある時期。ヨシズ、寒冷紗などの日除けをしっかりします。

▶ 9月
　前半は残暑が厳しく8月と同じ水換えでよいのですが、秋の彼岸を過ぎると気温が急に下がり水温も28℃から一気に18℃近くになったりするので、水換えに注意が必要です。
　前半は青水（古水）を少し割水するか、新水だけの水換えでよいのですが、気温が下がるほどに割水を増やしていきます。青水の中でらんちゅうは鮮やかに色が揚がります。当歳魚も、孵化後120～150日になり、頭（肉瘤）

6～8月の色変わり。

9～10月、色も揚がり大会サイズに。

も体も完成に近い形になります。
　また9月は、全国各地でらんちゅうの品評会が始まります。
【水温18～30℃】
【水換え7～8回（割水＝古水1～3：新水9～7）／後半（割水＝古水3～4：新水7～6）】
※秋の強い日差しに日除けが必要。

▶ 10月
　10月は各地で盛んにらんちゅうの品評会が開催されます。各会ホームページなどで日時や出品要項などの詳細が紹介されています。
　10月前半は25℃を上回る日や20℃を切る日があり、らんちゅうの成長は止まりますが、魚はでき上がる時期です。オスは体もきりっと締まりオスらしくなり、胸ビレに追星（胸ビレに現れるニキビのような白い斑点）も見え始め、メスも体形がふっくらとメスらしくなってきます。
　10月になると日によって水温が大きく変動し、10月前半と後半とでは水換え時の割水の量が変わるので、その加減が難しい時期といえます。
　水換えのミスで片方のエラの動きが軽く止まるくらいの感じでも、この時期は秋エラ病に進みやすく、らんちゅうを一番落とし（死なせ）やすい時でもあります。10月は水換え注意の時期です。
【水温25～20℃】

10～11月、らんちゅうの色艶が増す。

【水換え5～7回（割水＝古水3：新水7）／後半（割水＝古水4～5：新水6～5）】
※夜間は保温のためプラスチックの波板で蓋が必要。

▶ 11月

11月前半は10月と同じように水換えに割水を増やし、青水のよい状態を見ながら飼育します。11月後半は12月からの越冬のためのよい青水作りと、らんちゅうの体力作りに注力しましょう。

餌はらんちゅうの体力を付けるためアカムシ（冷凍でも可）など生餌や活餌を1日2～3回与え、なるべく粒餌（人工飼料）より生餌を与え、残餌のないように夕方には糞濾し網ですくい取り、質のよい青水を作り冬越しに備えましょう。

通常らんちゅうは、12月から冬眠させます。ただ最近では、早期産卵のために11月に給餌を止めて冬眠させ、12月には冬眠から起こし、ヒーターで水温を上げて餌を与え、早期産卵する方法もあります。

ただし個人的には、水温調整のミスで病気を発症するなどのリスクもあるので苦労の割にはよいとは思いません。

【水温7～15℃】
【水換え3～4回（割水＝古水3～5：新水7～5）】
※夜間、保温用の蓋が必要。

▶ 12月

越冬の月です。12月に入ったら、天気のよい日を見計らってその年最後の水換えをします。青水5割以上で割水をして水換えを行い、2月までの越冬に入ります。冬眠中の水換えは不要で、池の水が減って少なくなっていたら同温の新水を足す程度です。

そして、越冬用に冬囲いを作ります。昔は池を厳重に囲って凍らないよう寒さから守ったものですが、近年は温暖化の影響で、関東地方では波板で蓋をする程度でも十分に冬越しできます。ただし、寒冷地ではしっかり冬囲いをしてください。

ヒーターで保温するのもよく、最近ではサーモスタットも最低温度を5℃からセットできるような性能のよいものが各メーカーから発売されているので、寒冷地では重宝するかと思います。

【水温13～7℃】
【水換え1回（割水＝古水5～6：新水5～4）】

質のよい青水で冬眠。

## 1年の成長過程

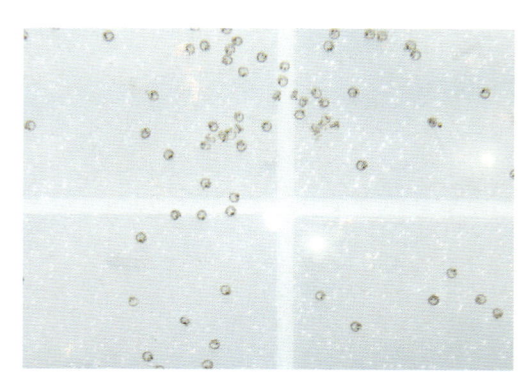

孵化が始まった卵。

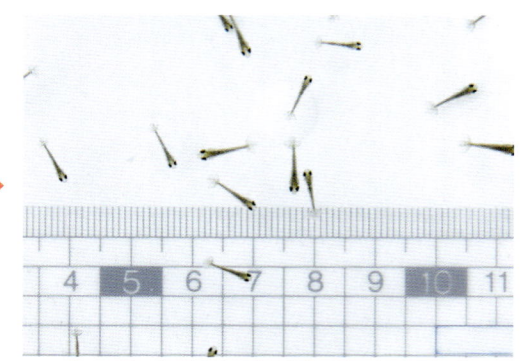

孵化後、約2週目。尾がしゃもじのように付き始める。

孵化後、約2ヵ月後。稚魚が黒仔に。

孵化後10週目。色変わりが始まる。

色変わりで魚の印象が一変。

形が決まり始める。

## 春から秋、らんちゅうの1年の成長

　春の産卵から、稚魚、青仔、黒仔、色変わりを経て、そして秋には力強いらんちゅうができ上がります。初心者、または魚を毎年作り切れない方でも、ちょっとしたヒントにより品評会に出陣できるらんちゅうを作れるようになります。まずは、1年を通した成長の各段階で適切な飼育管理ができるようにしましょう。

孵化後、約4週目。尾の開き具合での選別を始める。

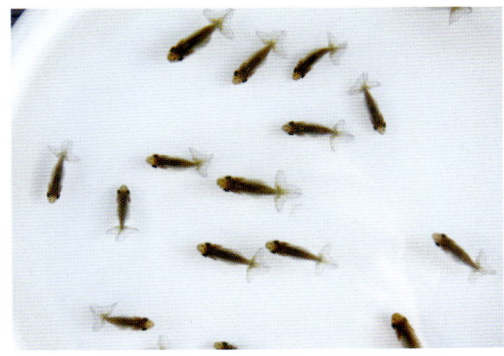

約5週間後の稚魚。この頃の選別は特にしっかりと行う。

色変わり途中の〝虎〟と呼ばれる状態。

孵化後12週目のらんちゅう。色変わりも進む。

孵化後約150日で魚はできる。

孵化後200日頃。さらに魚は完成へと近付く。

# 同一魚の色の変化

変わり始め。

色や形が決まってくる。孵化後約 120 日。

黒が残り、まだ〝虎〟の状態。

孵化後約 150 日。太みが増し、色も揚がる。魚のよさができ上がる。

色変わり途中の群れ。形崩れが生じたり、逆によくなってきたりと、魚が変化する時。

# らんちゅうの3年
## 当歳魚〜弐歳魚〜親魚

### 当歳魚
頭の上がりもよく、尾の構えも力強い。孵化後約200日目の魚。

### 弐歳魚
体の幅、尾筒の太みも増し、弐歳魚の若々しさを見せながらも力強い泳ぎの魚。

### 親魚(参歳魚)
らんちゅうは親魚で完成。背幅から尾筒にかけての太みが増し、頭も十分な上がりで貫禄たっぷりで親魚として完成といえる。

# 飼育の前に

## らんちゅうは作られた趣味の魚

　金魚の祖先はフナから出現した色彩変異のヒブナであるといわれています。それを基に人の手により長い時間をかけて、色、姿、尾などが好みの形に改良されてできたのが金魚です。長い歴史のなかでさまざまな品種が作出され、現在でも新しい品種が発表されています。らんちゅうはそのなかの1品種です。

　金魚の改良の過程で、和金のようなヒブナの体形をしたものと、らんちゅうや琉金のように幅のある丸い体形のものとに分かれ、なかでも「マルコ」は三つ尾で背ビレのない魚で、このマルコを基に今日のらんちゅうが作り出されたと考えられています。

　らんちゅうは突然変異からできたものではなく、長い時間をかけ交配と選別を重ねながら固定されてきた魚です。しかし、和金やフナの遺伝子をもつため、人間が意識的に選別を行わなければ魚にとっての進化である「先祖返り」をしてしまいます。特に尾形の選別をしっかりと続けないと、泳ぎやすいフナ尾や吹き流しのような尾幅のない魚に戻りやすいものです。

　よいらんちゅうを「作る」には、的確な選別を行うことが重要ですが、その選別に必要なものはらんちゅうを見る審美眼（選別眼）であり、仔魚から理想とするらんちゅうの姿を予想して選別する目は、経験だけでなく腕前ということになります。

　審美眼を養うことで、頭、背腰、尾形、そして「調子」といわれる泳ぎ方も見極められるようになります。見極める力を身に付けることで、らんちゅうの「作る」「見る」「競う」という楽しみは深まり、まさに大人の究極の趣味となります。

　究極の趣味というととても難しく思えますが、「作られた魚」ということは天然の魚でなく人間の手の範囲で生きる魚ということです。水換えなどの基本を覚えれば、比較的スムーズに入っていける趣味であると思います。

よいらんちゅうを作るには、選別する目を鍛えること。

## 系統と筋の魚とは

　筋、系統の魚には、宗家筋（東京都北区王子の石川宗家）、系統では、尾島系（尾島茶尾蔵氏より鈴木康宏氏へ。現在その弟子の方が系統を守っています）、宇野系（京都の宇野仁松氏が作り上げた魚）と3系統あります。

　ただし日本らんちう協会の魚と京都筋（宇野系）の会の魚とは当歳において頭、大きさ、特に尾形の構え、尾幅の行き方が違って来ています。ちなみに本書で紹介しているらんちゅ

孵化後150日。品評会を目指して頭、胴、尾形を作り上げる。

うは、日本らんちう協会系の魚です。

　品評会を目標にらんちゅう飼育を趣味にしたいという方には、全国大会も催される日本らんちう協会系の魚をおすすめします。

　日本らんちう協会・宗家の石川氏は元より、観魚会の会員であった尾島氏、鈴木氏、宇野氏の皆さんは「当歳魚は鶏卵大が秋の大会サイズ」と口を揃えて仰られていました。らんちゅう飼育は、まずは日本らんちう協会系の大きさ、頭、背腰、尾形、魚のよさを目標に飼育しましょう。ただ、鈴木氏は笑いながら「卵にも大小あるよね」と話しておりましたが。

## ヒント
### どの系統がよいか

　昭和後期から平成に入り、全国的にらんちゅうの質が格段によくなりました。そのため初心者は系統や筋に振り回されず、らんちゅう専門業者、ショップと親しくなり優良魚を選ぶようにするとよいでしょう。

## らんちゅうはどこで購入するの?

①らんちゅう養殖専門業者。
②ショップ。いわゆる金魚屋ですが、らんちゅう部門に力を入れているショップ。
③インターネット。近年、ネットオークションなどでのらんちゅう販売も増えてきています。
④らんちゅう愛好者より直接譲り受ける。
⑤愛好会での即売、交換会。

　以上が会用のらんちゅう、種用のらんちゅうを購入できる場所ですが、「らんちゅう飼育を始めてみたい」または「本格的に楽しみたい」という初心者には、らんちゅう専門業者か、らんちゅうに力を入れているショップでの購入をおすすめします。専門業者では、卓越した技術で採卵から黒仔、完成魚まで飼育・販売されており、それなりの魚を購入できるほか、いろいろな飼育の指導もしてくれます。

　近年、ショップはブリーダーからの入荷だけでなく自家養殖個体を販売するショップも出て来ており、池がずらっと並んだ養殖場に

らんちゅうを主に販売するショップもある。

らんちゅう愛好会の入札販売会の様子。

比べてやや敷居が低く感じられ、初心者にとっては入りやすいかもしれません。

どちらの業者も単なる物品販売と違い、購入者の「飼育したい！」という姿勢が伝わると、同好者ということで親切に長く付き合えるように教えてくれます。

③のインターネットでの購入は、到着状態が悪かったり、思っていた魚と違っていたなどのリスクもあるようなので、らんちゅう飼育を覚え、経験を積んでからのほうがよいかと思います。特に初心者は直接魚を見て購入することから始めることをおすすめします。

④の愛好者より譲り受けるというのは、「どなたかに紹介してもらう」とか「たまたま愛好家が近所に住んでいた」といったケースがほとんどになりますが、一番らんちゅうを覚えやすいかもしれません。

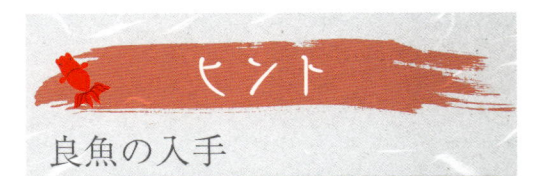

⑤は、らんちゅう愛好会に入会し、研究会開催時（5〜9月、当歳のみ）に入札即売会に参加して手に入れるというものです。メリットは、魚の飼育者が分かることです。

## ヒント
### 良魚の入手

初心者は系統や名前に振り回されず、早めに会に入会し、らんちゅう業者と親しくなるのがよい魚を手に入れる早道です。らんちゅうには血統書はありません。なかには○○系として突然出現したような系統もあるので、そうしたものに惑わされないように注意しましょう。

## Column
### 大関から大関は出ず

らんちゅうには血統書というものはありません。優等魚が必ずしもよい種親になるとは限りませんし、「大関魚から大関魚は出ず」といわれるくらい、らんちゅうは優等魚同士の親から産まれた仔でも親魚に似た優等魚が出るとは限らないのです。

ベテランは、会魚と種魚は別としている方もいます。「種魚には頭が特別よいものを」とか、「尾形がよいものを」というようにこだわって仔引きしますが、よい魚が作れる確率は非常に低いものです。それだけにらんちゅう作りは面白く、毎年春になると、理想のらんちゅうを夢見て大の大人が仔引きに夢中になるのです。

ベテランは一定の基準を満たした魚を毎年必ず作り上げて大会に出陳しますが、それでもある程度満足するようなよい魚は何年かに1尾作れればよいと思っているくらいです。

2〜3年の飼育でよい種親に当たり優秀な当歳魚を作出できることもあるので、経験の浅い方も諦めずに飼育してください。まずは、いち早く基本の水換えや選別を覚えることです。

# らんちゅうの体制模式図

▶ **上から見た状態**

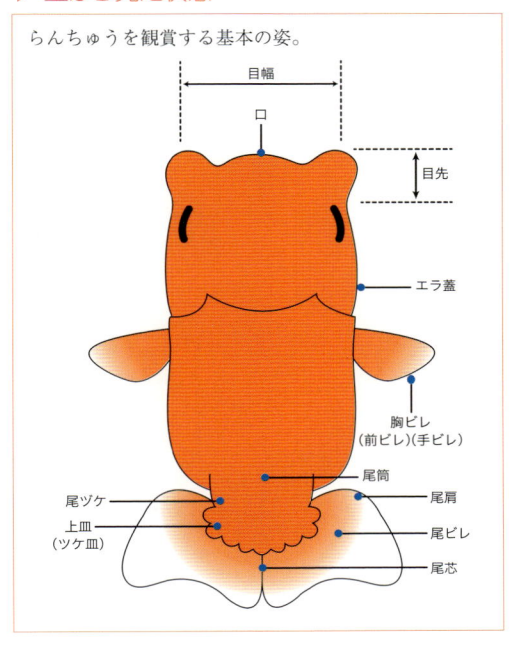

らんちゅうを観賞する基本の姿。

- 目幅
- 口
- 目先
- エラ蓋
- 胸ビレ（前ビレ）（手ビレ）
- 尾ヅケ
- 上皿（ツケ皿）
- 尾筒
- 尾肩
- 尾ビレ
- 尾芯

▶ **下から見た状態**

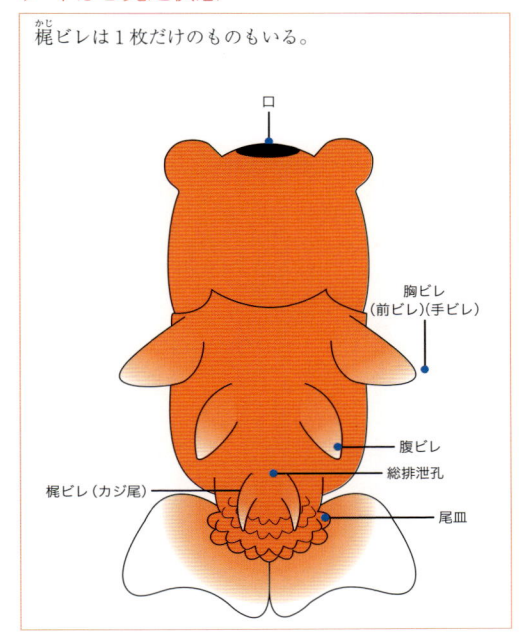

梶ビレは1枚だけのものもいる。

- 口
- 胸ビレ（前ビレ）（手ビレ）
- 腹ビレ
- 総排泄孔
- 梶ビレ（カジ尾）
- 尾皿

▶ **真横から見た状態**

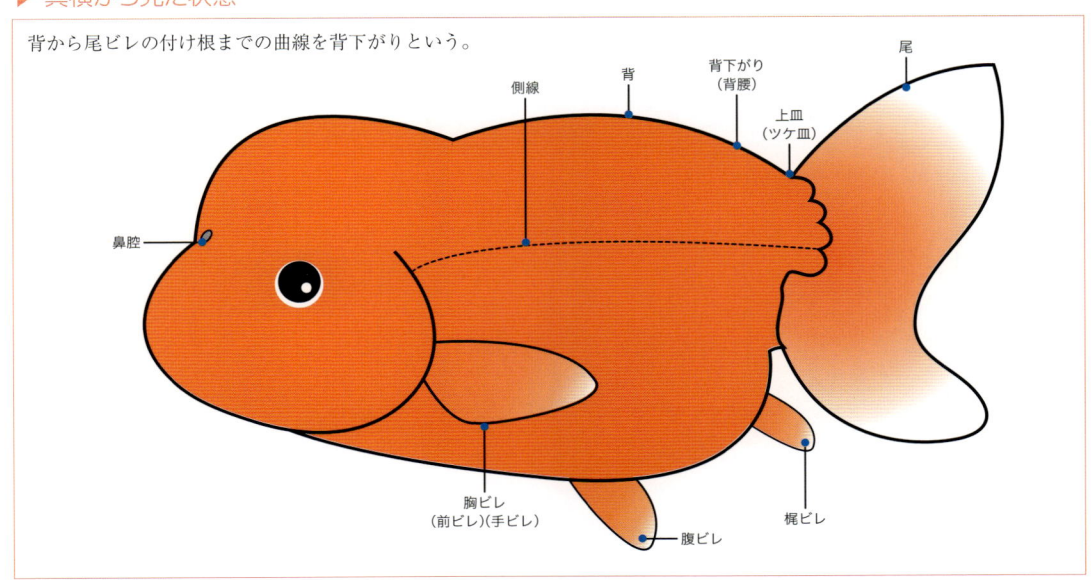

背から尾ビレの付け根までの曲線を背下がりという。

- 鼻腔
- 側線
- 背
- 背下がり（背腰）
- 上皿（ツケ皿）
- 尾
- 胸ビレ（前ビレ）（手ビレ）
- 腹ビレ
- 梶ビレ

らんちゅうの基本　17

# らんちゅうの模様一覧

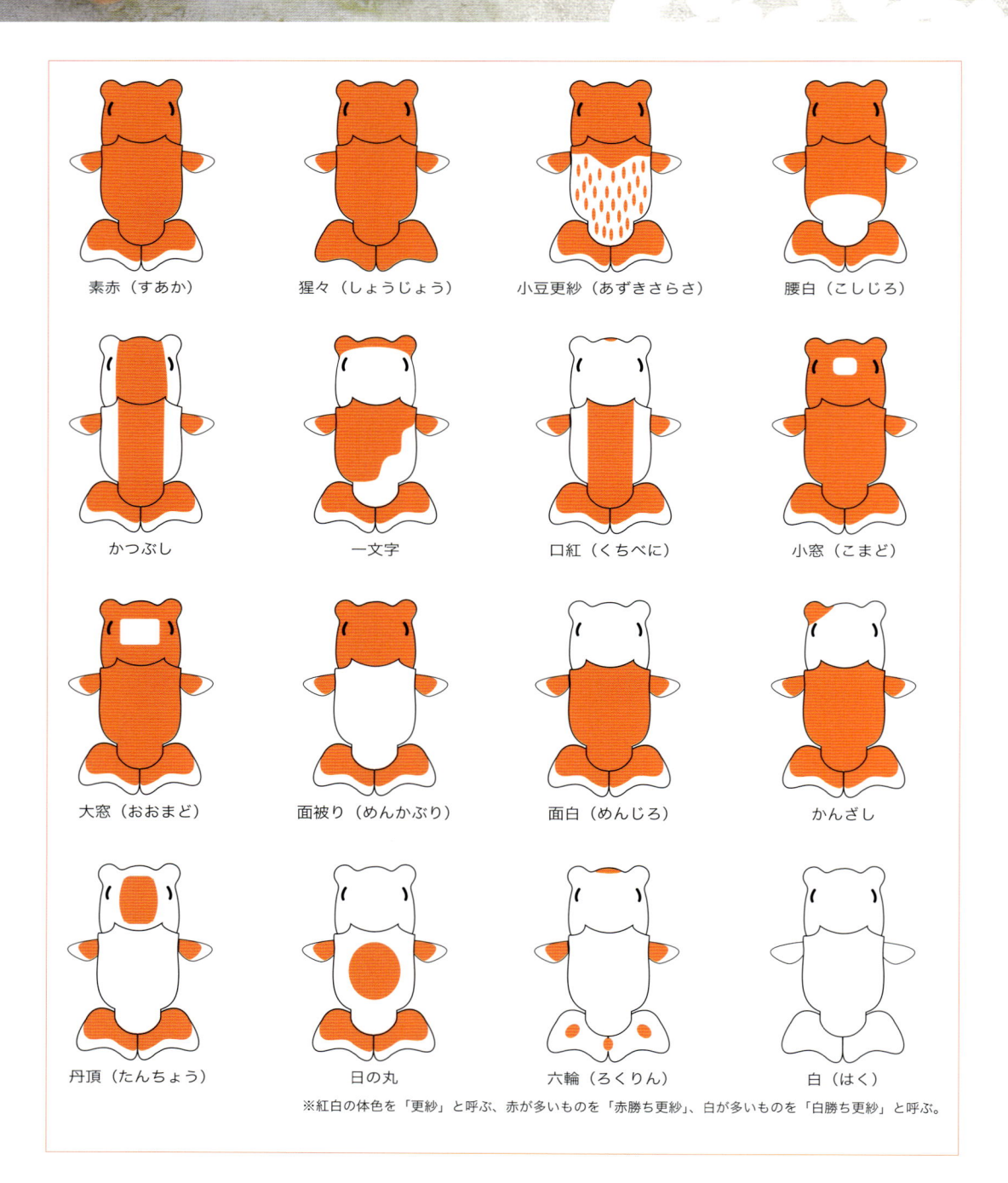

| | | | |
|---|---|---|---|
| 素赤（すあか） | 猩々（しょうじょう） | 小豆更紗（あずきさらさ） | 腰白（こしじろ） |
| かつぶし | 一文字 | 口紅（くちべに） | 小窓（こまど） |
| 大窓（おおまど） | 面被り（めんかぶり） | 面白（めんじろ） | かんざし |
| 丹頂（たんちょう） | 日の丸 | 六輪（ろくりん） | 白（はく） |

※紅白の体色を「更紗」と呼ぶ、赤が多いものを「赤勝ち更紗」、白が多いものを「白勝ち更紗」と呼ぶ。

第 2 章

# 基本的な飼育について

# 飼育の基本

## らんちゅうの飼育容器

　昔から「らんちゅう池にはコンクリート製のたたき池が一番」といわれてきました。しかし近年、FRP製のらんちゅう池がコンクリート製のものにとって代わってきています。

　コンクリート製の池はいったん作ってしまうと動かせませんが、FRP製の池は軽く、楽に移動ができ、洗うのも容易です。そのため、これから池を作ろうと考えている方にはFRP製の池をおすすめします。

　ただ、コンクリート製のたたき池はpHを一定に保ちやすく、プラ池よりも酸性に傾きにくいというよさもあります。土地に余裕があり、本格的にらんちゅう飼育を楽しみたい方はたたき池が一番よいと思います。

※FRP製の池を購入する時は魚溜まりのある池をおすすめします。仔引きして、稚魚の池の水換えをする時に、魚溜まりがあるのとないのとでは大違いです。必ず大きめの魚溜まりのあるものにしましょう。

ビルの屋上に設置された池。

　池を設置するにあたり大事なことは、その場所です。東南西が開き、風通しのよい場所が理想ですが、都会では贅沢はいっていられませんので、なるべく日当たりと風通しのよい場所を選ぶようにしましょう。

## 基本サイズは坪池

　らんちゅうを本格的に飼育する場合、池のサイズは坪池（180×180cm）が理想ですが、150×150cmの池が使いやすく一般的です。

　最近はマンションのベランダで飼育する方も多くなり、一戸建てでも都会では庭が狭く

飼育には魚溜まりがあると便利。

マンションのベランダで飼育する方も増えた。

▶ 月別換水数と当歳魚の尾数
180×180cm 池1面

| 月 | 換水数 | 尾数 | |
|---|---|---|---|
| | | 前半 | 後半 |
| 3月 | 4〜6 | 3000〜 | 1000 |
| 4月 | 5〜7 | 1000 | 150 |
| 5月 | 6〜8 | 150 | 80 |
| 6月 | 6〜8 | 80 | 30 |
| 7月 | 7〜10 | 30 | 15 |
| 8月 | 7〜10 | 10 | 10 |
| 9月 | 7〜8 | 10 | 10 |
| 10月 | 5〜7 | 10 | 10 |
| 11月 | 3〜4 | 10 | 10 |
| 12月 | 1 | 10 | 10 |
| 1月 | 0 | 10 | 10 |
| 2月 | 1〜2 | 10 | 10 |

▶ たたき池のサイズと模式図

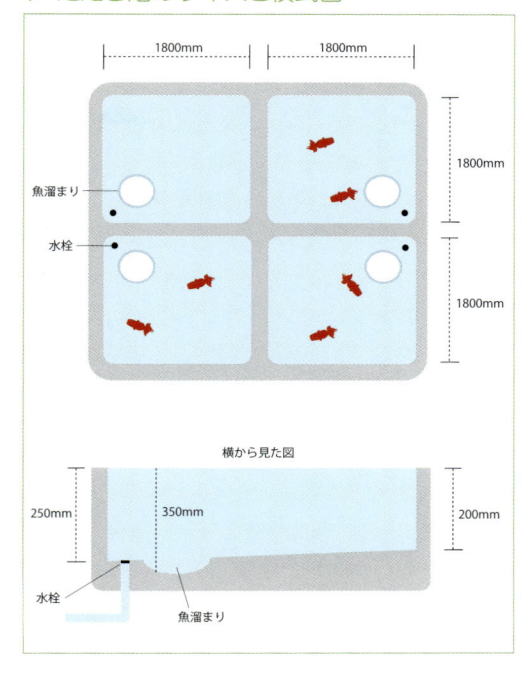

池の設置場所に苦労しているようです。ただ、1×1mの池が数面置ければ、らんちゅう飼育は十分可能です。

「物干し場に池を置いてみたけど、上に洗濯物を干しても魚は大丈夫だろうか」という不安もあるかと思います。答えは「大丈夫」です。最近の洗濯機は性能がよくなり、洗濯物の滴が垂れることはなくなりましたし、少し入ったくらいでは平気です。家族で揉めないように、奥さんに給餌を頼んで愛着をもってもらうこともひとつの手です。

池を作る。設置場所はいろいろですが、一般に池の形は正方形がよいといわれています。ただ形はそこまでこだわる必要もないように思われ、サイズが1㎡以上あれば品評会用のらんちゅう飼育ができます。

池は大きいほどらんちゅうを多く飼えますが、目安としては坪池（180×180cm）であれば、当歳魚は秋には10尾まで選別して飼育しなさいといわれています。90×180cmの池では半分の尾数となります。

池を作る時は、将来的に飼育したい尾数などを考慮しながら、池の数とサイズを慎重に決めるとよいと思います。また、らんちゅう専門業者やショップに相談するのもよいでしょう。

## らんちゅう飼育の水

一般に、らんちゅう飼育の水は井戸水（地下水）か水道水を使用します。井戸水のなかには溶存酸素量が少ない水もあるようなので、1昼夜汲み置き、さらにエアポンプでエアレーションをするとよいでしょう。

また多くの人は、水道水を使うことになると思います。水道水には塩素などの魚にとって有害な物質が混入していますが、市販の中和剤を入れることで、すぐに飼育できるような水になります。

らんちゅう飼育で大切なのが「水の色」です。

この「水の色」とは、青水のことです。飼育水に藍藻類、緑藻類、珪藻類といった植物性の微生物が常に繁殖して緑色になった状態のものを「青水」と呼び、その濃淡は季節によって変わります。低水温の時は珪藻類が多く繁殖し、高水温では藍藻類、緑藻類が多く繁殖し緑色の水になります。緑ですが青水と呼ばれています。また、青水（古水）に対して、新しい水を新水（サラ水、アラ水）といいます。

青水では光合成が行われ、酸素の補給源となります。ひとつの実験として、同じ大きさの洗面器を用意し、一方には青水、もう一方には新水を入れます。そこにそれぞれ小魚を数十尾放し、数時間放置します。すると新水のほうは酸素不足で魚は鼻上げをしますが、青水のほうは鼻上げはしないという結果が見られます。

らんちゅう飼育には青水は必要不可欠ですが、季節の変わり目などには急激な変化をすることがあり、その色は黒褐色、白濁、茶褐色、水が澄むなどに変化します。

温度の高低、水換えの遅れや残餌などによる水質の変化が起こると魚が泳がなくなったり、さらにはエラ病に進み死に至ることもあります。水の色も白濁、または茶褐色に変化して茶水になってしまった時は、青水が死んだといい、急いでほかの池の青水で水を作り直し、水換えをします。

青水は上手に扱えれば、色揚げ、頭（肉瘤）の発育によいのですが、近年、青水を使わずに新水だけで水換えをする飼育者も増えています。

らんちゅうは水換えの刺激により大きく育つといわれ、新水だけの水換えで大きく魚を育てることはよいのですが、季節の変わり目などは飼育水と新水との差があり過ぎて、水あたり（pHショック）などを起こすリスクもあります。特に5〜6月は水温の変化で水換

▶ 水換えのサイクル

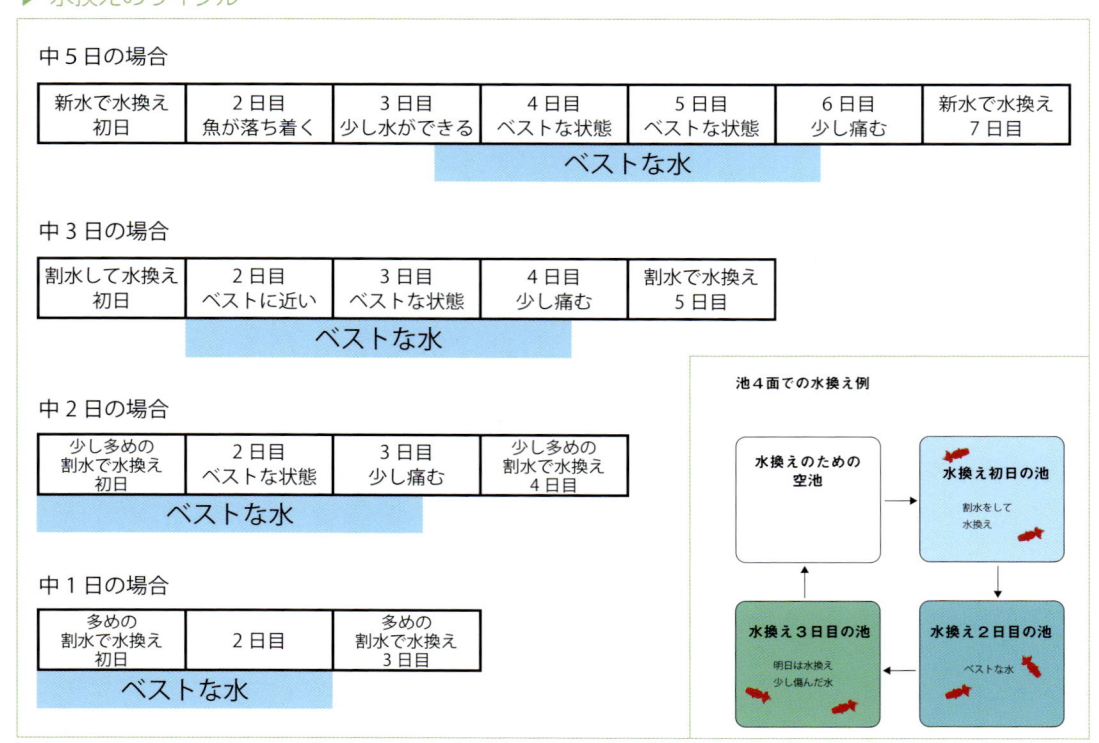

**中5日の場合**

| 新水で水換え 初日 | 2日目 魚が落ち着く | 3日目 少し水ができる | 4日目 ベストな状態 | 5日目 ベストな状態 | 6日目 少し痛む | 新水で水換え 7日目 |
|---|---|---|---|---|---|---|

ベストな水（4日目〜5日目）

**中3日の場合**

| 割水して水換え 初日 | 2日目 ベストに近い | 3日目 ベストな状態 | 4日目 少し痛む | 割水で水換え 5日目 |
|---|---|---|---|---|

ベストな水（2日目〜3日目）

**中2日の場合**

| 少し多めの 割水で水換え 初日 | 2日目 ベストな状態 | 3日目 少し痛む | 少し多めの 割水で水換え 4日目 |
|---|---|---|---|

ベストな水（初日〜2日目）

**中1日の場合**

| 多めの 割水で水換え 初日 | 2日目 | 多めの 割水で水換え 3日目 |
|---|---|---|

ベストな水（初日）

池4面での水換え例

水換えのための空池 → 水換え初日の池（割水をして水換え）→ 水換え2日目の池（ベストな水）→ 水換え3日目の池（明日は水換え 少し傷んだ水）→ 水換えのための空池

▶ 水の入れ換え手順

水換え当日の水。青水ができている。

魚溜まりに集まったらんちゅうをすくう。

大洗面器などでショックを与えないようにしながら、割水をした池に自然に放す。

水換え後の様子。

えのミスが多くなりがちで、エラ病を発症させて黒仔を落とすことがあります。

まだ飼育経験の浅い方は、まず割水（青水）での飼育をマスターしましょう。

5月中旬から6月になり水温が上がり始めると、池のコケを取り、割水をしないでサラ水（新水）だけで換水する方法もありますが、水質の違いによりエラ病に罹りやすくなるので、より慎重に行いましょう。池が10面以下の方は、こまめに水換えができる割水をおすすめします。青水の割合に関しては、第1章の「1年の飼育の流れ」でもう一度確認してください。

### 割水飼育の基本

飼育水の管理の基本は、青水と新水の割合の調整といえます。割水とは、水換え時に池に入れる新水に飼育水（青水、古水）を混ぜることです。この割水をすることで、新水と飼育水の水質の違いによる魚へのショックを和らげることができます。

新水のみでの水換えをした際、魚が泳がず

> **ヒント**
> ## 名人といわれた人の池には必ず貯水タンクあり
>
> 水道水に中和剤を入れれば塩素などが無害化されてすぐに使用できますが、やはり1昼夜汲み置きして水を枯らして使用したほうが水あたり（飼育水と新水の質が違い過ぎでなる）にならないので、貯水タンクでの汲み置きの水がよいと思われます。いずれにしてもらんちゅう飼育には、井戸水であれ水道水であれ、貯水タンクが必要です。

▶ 水換えは日数を決めて行う

デッキブラシなどで池を洗う。

新水を入れる。

割水をする。気温と水温の高さで青水の量を調整。

ベストな水は魚が群れて泳ぎ、すぐに餌を探し回る。

池底でじっとしていたり、片方のエラの動きを止めていたりすることがあります。これは飼育していた水と新水との水質が違い過ぎて、水あたり（pHショックなど）を起こしたということです。これがきっかけで魚は死に至る病気に陥ることもあります。

割水は、冬は多く、夏は少なく調整します。簡単な方法としては、水温25℃以下は割水5割、衣服が薄着になり半袖になる頃に2〜3割と減らしていきます。夏には新水だけでもよいのですが、私は真夏でもバケツ1〜2杯の割水をしています。

逆に寒さに向かう時、Tシャツから長袖、さらに厚着になるたびに、割水の量を増やしていきます。暑い時は、池の大きさでも違いはありますが、真夏はバケツ1杯から秋には10杯というように割水を増やしていきます。注意することは青水が濃くなり過ぎると尾が溶けたり、エラ病に罹ったりすることです。

夏場は朝、少し青水になったなと思うぐらいで水換えをしましょう。

水換え当日は割水をして、すぐに餌を与えられるくらいのベストに近い水にして、2日目はベストの状態、3日目に少し青水になったかなというくらい、4日目に水換えというのが理想的です。春、秋は割水を多くします。

割水の量について、季節の変わり目などに迷った時はベテラン愛好家に「今、割水はどのくらいですか？」と聞いてみるとよいでしょう。

## ヒント

### 水作り

らんちゅう飼育は1に水、2に水、3に水といいますが、1に割水、2に割水、3に割水といい換えられます。つまり、割水を適切に行い魚にとって最良の水作りをすることが非常に大切なのです。

夏の水換えは割水を少なくするが、水換え当日には飼育水ができ上がっている状態がよい。

「今はバケツ何杯くらい」というように教えてくれると思います。割水を早くマスターすることが、らんちゅう飼育の秘訣ともいえます。

近年ではさまざまな水質調整剤や添加剤が発売されているので、自分に合ったものを選びたい。

### Column
## 水作りに水質調整剤、活力液

近年、水作りに役立つさまざまな水質調整用の商品が販売されています。水換え時に入れて有害物質を中和し、水あたり（pHショックなど）を和らげるものから、ハーブやアロエなどが配合された水カビ防止や減菌効果があるもの、1万倍に薄めて池に入れると病気に罹りにくい効果のある活力液など、国産から輸入品までいろいろとあります。

ただらんちゅう池は小さい池でも200リットル、大きい池ともなると350リットルと水量が多く、入れる活力液、水質調整剤の量と単価の問題が出てきます。水換えの時、少量溶かせばよいものや業務用のような大容量のものが少し販売されていますが、魚病薬も含め、池用の100リットルの水に少量の5cc溶かせばよいというような濃縮商品を開発・販売してほしいものです。

## コケの扱いについて

らんちゅう飼育では、コケを重要視する方法と、軽視して池にコケを生やさない方法のどちらかに分かれます。コケの生やし方もいろいろです。昔はコケを絨毯のように生やして飼育する業者や、池の底はコケを付けず、池の内縁だけコケを生やして飼育する業者がいました。

コケを付ける、付けない。どちらがよいと

春。黒仔の頃は、池の底面にはコケを付けず、側面のみ生やす。

夏。色変わりの頃からコケを付け始める。

秋。コケが色揚げを助ける。

は一概にいえませんが、体色に関しては、池にコケが生えているほうが色の揚がりがよいようです。

　ここで、尾島系のコケの扱い方を紹介したいと思います。ただし、各池に条件の違いがあるので、あくまでも参考にしてください。

　冬眠から起こす時、池のコケ（茶ゴケや長く伸びたコケ）はブラシで綺麗に落とします。池のコケを全部取るのはこの時だけです。産卵、稚魚・黒仔の飼育までは、池底のコケは取りますが、内縁はコケを付けたまま飼育します。

　黒仔の頭に肉瘤の基礎ができ始める頃は、池底のコケを取り、濃いめの青水で飼育します。黒仔の時までに頭が角になると、秋の仕上げが楽です。

　色変わりが始まったら、池底のコケも付けるようにします。水換え時に池を洗う場合は、ヌメリをスポンジなどで落とすだけで、コケは残します。こうすることで色の揚がりがよくなり、鱗の光を抑えられます。色変わりが済むまでコケを付け、青水飼育です。色が揚がり色変わりが終わったら、池底のコケを取った飼育になります。

　以上が、尾島系の新人に対して基本として教えていたコケの生やし方です。参考になれば幸いです。近年、エアポンプの性能がよくなり、青水も薄めになってきています。しかし5〜6月の病気のリスクを減らすには、多めの割水、綺麗なコケ付けが大切であると思います。

池の側面に生やしたコケ。長く伸び過ぎたらブラシで擦り取る。

### ヒント
### コケは野菜

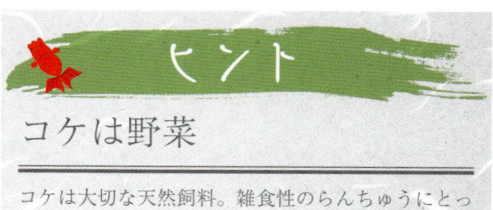

コケは大切な天然飼料。雑食性のらんちゅうにとっては植物性飼料、魚の野菜です。多めの割水、綺麗なコケは、魚にとって棲みよい環境といえます。

青水の中を元気に泳ぐ黒仔。

ほどよいコケの付き方。

　たまに、コケに害があるかのごとく、池から取り除けという方もいます。もともと、でき上がったらんちゅうを購入して飼育する「買い屋」という方にはコケを付ける人が少ないのですが、先述したような方の多くは、そうした方々の池を見て真似をしてコケを取っている人たちのようです。しかし、稚魚からの飼育には、コケが必要な時期があります。

## 餌について

　金魚は雑食性なので、動物性、植物性の餌を食べて育ちます。植物性の飼料としてはアオコの藍藻類、青コケの珪藻類がほどよく繁殖した青水や、池の底や側面に生えたコケが十分な餌になります。活餌はミジンコ、アカムシ、イトミミズです。イトミミズは昔はよく与えていましたが、現在では、太り過ぎず、色揚がりがよいということで、黒仔から親魚

大きく成長を促すもの、色揚げ効果が期待できるものなど、さまざまな人工飼料が販売されている。

までアカムシを与えることがほとんどです。

　稚魚（針仔）にはミジンコがよい餌で、特にタマミジンコは孵化後間もない針仔にはミルクのような最良の餌のひとつといえます。このほかに大きく固いオオミジンコ、カイミジンコ、ケンミジンコなどがいますが、赤いタマミジンコに優る餌はありません。

　近年、池、沼、川などは埋め立てや整備がなされ、ミジンコ、アカムシを採取できる場所が少なくなりました。代わりに冷凍アカムシ、冷凍ミジンコなどが大量に輸入されるようになりました。現在流通している冷凍飼料は品質もよくなり、活餌と変わりなく魚に食べさせられます。

　ただし、冷凍飼料を食べ切れずに残させてしまうことは禁物です。特に冷凍ミジンコは腐敗が早く、飼育水が傷みます。残餌のないよう10分くらいで食べ切るようにしましょう。

冷凍アカムシ。現在では冷凍飼料の質も向上し、活餌と変わりなく与えることができる。

ブラインシュリンプの孵化器。写真は大型のものなので、小規模には向かないが、便利で孵化後の処理が楽。

ブラインシュリンプの卵。

孵化したブラインシュリンプは、新しく作った塩水で、常温でエアレーションをして管理する。

### ◉ミジンコかブラインシュリンプか

　ミジンコに代わる稚魚の餌として、ブラインシュリンプの卵が輸入されています。現在では孵化器なども販売され、手軽に上手にブラインシュリンプを孵化させられるようになりました。そのためブラインシュリンプが、アカムシや人工飼料を食べられるようになるまでのらんちゅうの主流の餌となっています。ミジンコが採取できればよいのですが、採取できない地域はブラインシュリンプが一番の稚魚の餌となります。

### ◉人工飼料

　人工飼料は、粒餌などと呼ばれることも多いです。最近までらんちゅう専用の餌はなく、他魚種用の餌のなかから、らんちゅうによいと思われるものを粒餌としてきました。しかし近年、らんちゅう用の餌が多く販売されるようになりました。

　ショップでは孵化したての針仔用、黒仔用、当歳用、親用、色揚げ用というように成長段階に応じて幅広く扱われています。最近、色揚げ効果をアップした餌も販売されていますが、色揚げ用の餌は水温20℃以上で与えるとよりよいようです。また、池にコケを付けることで色揚げ効果が期待できます。

人工飼料は各メーカーから多くの種類がリリースされている。

## 活餌、粒餌の与え方は切餌

昔から、1日に食べさせる餌の量として、「当歳は頭の大きさ、親は頭の半分の量を食べさせろ」といわれてきました。しかしこれはアカムシなどの水分が80％もあるような天然飼料の場合です。水分がほぼ0％の穀類、動物質飼料で構成されたカロリー十分な粒餌は、アカムシの30％の量でよいといわれています。

活餌、粒餌も10〜20分で食べ切れる量を1日数回に分けて与えることがよく、これを「切餌」といいます。「食べては泳ぎ、食べては泳ぎ」となるように1回の量を少なく何回にも分けて与えることです。結果、1日の餌の量は多くなります。

こまめな給餌が無理な方は、自動で餌を与えられるフードタイマーを使うことをおすすめします。数時間ごとに餌を繰り返し与え、上手に切餌ができます。餌の量も調整できるので、日中仕事で餌が与えられない方におすすめです。フードタイマーは給餌回数を調整できるタイプがおすすめです。

## ブラインシュリンプの孵化

ブラインシュリンプはアメリカ、中国などから乾燥した卵が輸入されます。その卵を海水と同等の塩分濃度の水で孵化させ、その幼生を稚魚に与えます。現在、ミジンコに代わる餌となっています。

ブラインシュリンプの孵化に関しては、専用の孵化器が市販されているので、そちらを使用するとよいでしょう。また梅酒用のビンを利用することも多く、塩水、水温の確保、強めのエアレーションの3点が揃っていれば、どんな容器でも利用できます。容器に3％の濃度の塩水（1リットルの水に塩25〜30g）を入れ、水温を28℃に保ち、エアレーションをかけて24時間で孵化します。

## 最初の注意点

塩水を作る時は30℃くらいの水を使い、5リットルなら150gの塩を入れ、卵を入れます。最初から30℃くらいの水を使用するのは、低水温からだと28℃になるまでに時間がかかってしまうからです。ブラインシュリンプは、28℃の塩水、エアレーションでの攪拌で反応し、24時間で孵化するので、30℃くらいの水を使うとよいのです。

日中、こまめに餌を与えられない方はフードタイマーを利用するとよい。

このように池の上部にフードタイマーを設置しておくことで、規則正しい給餌ができる。

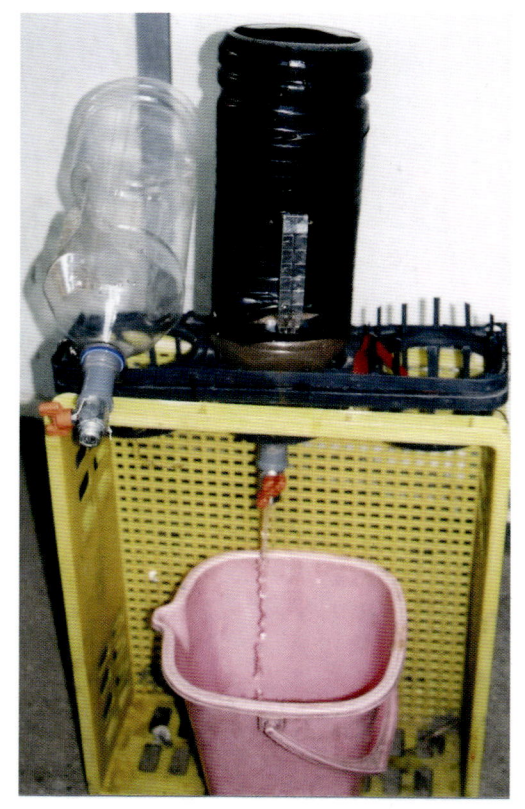

古くからの愛好家は、分離器を自作する方も多い。

小規模であれば、このように梅酒用のビンなどでブラインシュリンプを孵化させるとよい。箱は発泡スチロール。

### 🔊 ブラインシュリンプを餌とする前に

孵化したブラインシュリンプだけを取り出す際は、次のような手順になります。市販の孵化器ではヒーターとエアレーションを止め数分すると孵化した卵の殻は上に浮き、中層に孵化したブラインシュリンプが紅い層となり、1番下には孵化しなかった卵や不純物が沈殿し3層になります。

孵化器には取り出し用のコックがあり、コックをひねり下層の無孵化の卵を注意して捨てます。次に中層のブラインシュリンプを目の細かい網（市販のブラインシュリンプ用の網もある）で、ブラインシュリンプだけを網で受け新しい塩水に放しエアレーションをします。上層の卵の殻は捨て、孵化器を洗い、また卵を28℃の塩水でセットして、24時間で孵化。この繰り返しです。

ちなみに孵化したブラインシュリンプは常温でも塩水であれば長生きしますので、別の容器でエアレーションして保存できます。

梅酒用のビンでも孵化の方法は同じですが、ブラインシュリンプの取り出し方に違いがあります。エアレーションを止めて分離させるまでは同じで、その後ブラインシュリンプの紅い層を細いエアチューブなどで吸い出します。らんちゅうが孵化して3〜4日目に泳ぎ始めることを「立ち上がり」といい、この時からブラインシュリンプを与え始めます。

### 🔊 ブラインシュリンプの量

ブラインシュリンプをどのくらい孵化させて、どのくらい食べさせればよいのか。この判断には少し慣れが必要です。らんちゅうの稚魚の数にもよりますが、まず当歳のらんちゅうが1日に食べる量は下記の通りです。ただこれは、昔からいわれていることとして、あくまで目安と考えてください。

針のような稚魚から当歳魚は、1日に頭の大きさの量。二歳以上は頭の半分の量。「いや、もっと食べる」という方や、逆に「え、そんなに？」という方もいると思いますが、あくまでも参考にしてください。

孵化させるブラインシュリンプの1日の量

▶ 給餌量の目安

孵化後4日目の稚魚。一腹分の稚魚には、小さじすり切り1杯の卵を孵化させ、1日2〜3回に分けて与える。

孵化後10日目の稚魚。小さじすり切り1〜2杯の卵を孵化させて、1日2〜3回に分けて与える。

孵化後20日目の稚魚。小さじすり切り3杯くらいの卵を孵化させ2〜3回に分けて与える。

孵化後30日ほど。小さじ4〜5杯の卵を孵化させ、2〜3回に分けて与える。黒仔用の人工飼料も併用してもよい。

　は、らんちゅうの稚魚（針仔）が一腹数千尾いても、小サジ1杯分（約2.5g）のブラインシュリンプの卵を孵化させ、1日2〜3回に分けて与えます。

　与えた量が多いか少ないかは、次の日に分かります。翌朝、池底に赤くブラインシュリンプが膜を張ったように死んでいるようでしたら、量を減らします。

　初心者はどうしてもブラインシュリンプを余分に孵化させ、らんちゅうに多く与え過ぎてしまいます。ブラインシュリンプは死んで膜状になると腐敗の進みが早く、水が傷み、稚魚はエラの部分が膨らんだようになります。このような稚魚のエラ病は致命傷となるので、魚の成長を見ながら、与える量を加減していきましょう。

## ヒント
### ブラインシュリンプの与え方

　らんちゅうの稚魚はブラインシュリンプを1日に何匹食べるか？　その答えは頭の大きさです。針仔では3〜5匹も食べればお腹が膨らみます。ブラインシュリンプは通常5〜6時間は池で生きていますが、長生きさせるには、魚溜まりに塩を固めて入れおくとよいでしょう。そうすると塩の周りで、しばらくは生きています。

　2度目の給餌は、魚溜まりにブラインシュリンプが残っているようなら給餌を止め、稚魚が餌を食べ尽してから与えるようにします。稚魚、黒仔が餌を食べ尽しているようなら、3回、4回と餌を与えることは構いませんが、その場合は数時間空けて与えましょう。これはアカムシ、粒餌も同じです。ブラインシュリンプやミジンコを与えている頃から切餌をすると、黒仔の時からよく泳ぎ回るようになります。こうした育成を「泳がし飼い」といいます。

▶ブラインシュリンプを池で長持ちさせる方法

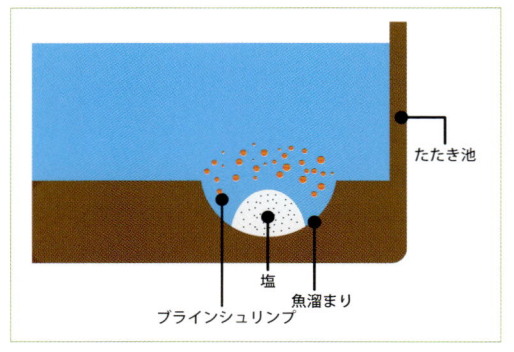

魚溜まりに塩を入れておくと、そこでブラインシュリンプを生かしておくことができる。

## ベテランもする失敗

　以前、早朝に友人からの電話で「稚魚が死んで浮いている。どの池も死に始め、シラスのようになっているので見に来てくれ」といわれ、急いで見に行ったことがあります。原因は、その友人の池のハウスに入ってすぐに分かりました。ハウスの中には異臭が漂い、池を見ると、ブラインシュリンプの死骸で底が薄赤い幕を張ったようになっていました。異臭は、その飼育水からしていたのです。

　その友人は、前年までミジンコを与えていましたが、その年からブラインシュリンプに切り替えたそうで、与える量をうまく把握できていなかったようでした。

　ミジンコは池の中でも生きていられますが、ブラインシュリンプの池での生存時間は5〜6時間くらいです。しかし、それまでのミジンコと同じようにブラインシュリンプをたっぷりと与えていたので、食べ残されたブラインシュリンプが死に、そのせいで飼育水が悪くなったのが原因でした。

　すぐに稚魚の池の水換えを全面で行い、どうにか全滅させずに済みました。ブラインシュリンプは小さく、稚魚の育つサイズも揃うのでよいのですが、与える量を間違えて水質を悪化させると稚魚を全滅させてしまうこともあるので、注意しましょう。

飼育の基本を押さえしっかりと育てることで、仔引きという次のステップに進むことができる。

## 第3章

**飼育暦**
# 冬眠明け～産卵

# 仔引きとは

## ◉ 仔引きの楽しみ

仔引きとは、好みの親魚を交配して卵を産ませ、稚魚を育て上げるという、らんちゅう飼育の大きな楽しみの一つです。

らんちゅう飼育を始めると、次第に産卵・孵化から大きく育てて品評会に出してみたいと思うようになります。ただ、春から秋までの長丁場で、選別を繰り返して育てるので、しっかりとした飼育経験が必要となります。

らんちゅうには、次のようにいくつかの楽しみ方があります。

・自前の種親から仔引きして、作り上げ、気に入った家っ仔を会に出す作り屋。
・仔引きをせず、業者が育てて完成させた魚を購入し、会に出して楽しむ買い屋。
・仔引きもするが、気に入った魚がいれば購入もする、よいと思う魚を会に出して楽しむタイプ。

どの楽しみ方にもいえることですが、らんちゅうを見る目と飼育経験がなければ、よい魚を作ることも、またよい魚に巡り会うこともできません。

初心者が仔引きをするにはまず2〜3年飼育を経験し、4〜5月に業者が売り出す黒仔を買い、秋までの半年間で大きく育てられるようになってから仔引きをすることをおすすめします。

ある程度まで育てられるようになると親魚も残せるようになります。それから仔引きに挑戦したほうがよいでしょう。

初めから仔引きした方は、水換えや選別をこなし切れずに稚魚を死なせてしまい、長続きせずに止めてしまう方が多いようです。

## ◉ 仔引きのための池

仔引きをする場合、仔引き用に池が必要となります。当歳魚用に120×120cm以上の池が2面以上あるのが望ましく、ほかに選別用に洗面器、サデ網、糞濾し網などが必要になります。今ではらんちゅうを扱っているショップなどで専用の道具が販売されています。

## ◉ 仔引きとは水換えと選別、そして根気

らんちゅうは、自然産卵で少なめに仔引きをしても1000〜3000尾もの稚魚が孵ります。選別は、理想の魚を目指し傷魚など理想から外れる稚魚・黒仔をハネる（捨てる）作業の繰り返しです。秋までによい魚が残る確率は0％に近いものですが、多くの稚魚の中から選別で優良魚を残し、育て、作り上げることが仔引きの面白さといえます。

らんちゅうは針仔〜青仔〜黒仔〜色変わりと、成長するたびに体形に変化があり、選別の対象となるような傷などがなくよい魚と思われた魚に欠点が出てきたりします。

そのたびにしっかりとハネて、よい魚を少

### ▶ 仔引きの魅力は掛け合わせ

当歳魚から親魚に作り（育て）上げ、その親魚から仔引きした150日目の当歳魚の実例。

オス親  × メス親

まずは両親の太み、尾構えと似た姿を目指そう。

できれば少しだけでも親を上回る魚を作りたい。

ない尾数で伸び伸びと育てることが大切です。つまり、選別は思い切りが必要なのです。

仔引きをしていて魚を大きく作ることのできない人は、魚をハネられない人です。選別とハネるということは、"捨てる"ことで、魚を残して中途半端に育てたりしないことです。

## ◉ ベテランの仔引きと選別

ベテランは3月中頃から5月初めの間で採卵し、秋までに魚を作り上げるペースで仔引きします。選別も1回目から4回目の選別で黒仔の形が揃います。1〜2回目の選別は体の曲がり・ひねり、尾開きを見て、一腹分の稚魚の半分以上をハネます。3回目までにツマミやサシをハネるとらんちゅうらしくなります。

1〜3回までの選別では、ハネる稚魚の数は非常に多くなりますが、ハネればハネるほどよい魚が残り、大きく育ちます。

孵化後40〜50日目で行う4回目以降の選別では大きめの洗面器で泳ぎや全体の形などを見てハネて、しっかりとした黒仔らんちゅうに仕上げていきます。

ベテランは孵化後15日くらいで1回目の選別を行います。初心者は1面の池の稚魚を2面に広げて、尾の開きがはっきりと分かり、曲がりなども見やすくなってから選別しましょう。急がば回れで、見やすくなったぶんしっかりと選別しましょう。

飼育暦　冬眠明け〜産卵　35

# 2月 らんちゅうを起こす

## 起こすまでの管理

　地域によって違いがありますが、一般に12月から2月後半まで冬眠の状態で冬越しさせます。この間は水温が3～4℃前後まで下がり、日中でも6℃程度にしかなりません。池に氷が張らないように、波板やビニールシートなどで囲います。ただし、月に1回か2回は青水の様子を見ましょう。

　池の水が減っている時は、飼育水と同じくらいか少し高めの温度の新水を静かに足します。その際、糞濾し網やサデ網で掻き回さないように注意しましょう。低温時は少しの刺激でも魚体が血走ることがあります。青水の中で時折ゆっくりと魚体を動かす程度に泳ぐ姿で元気でいることを確認できたら、氷が張らないように（水面下は4～5℃）また蓋をして越冬させます。越冬中は餌を与えず、2月半ばに起こすのが通常です。

## いつ起こすか

　以前は、秋までに鶏卵大に育つことと、ミジンコの湧く時期に合わせるということで、3月中頃から5月の八十八夜頃までに産卵させていました。私が住む神奈川県横浜市は4月に入るとミジンコが発生し（湧き）ましたから、3月末から4月に産卵させるために越冬から起こす日を逆算して決めていました。近年、ミジンコが採れる場所が少なくなり、稚魚の餌はブラインシュリンプに代わりましたが、3～4月の春の陽気とともに産卵するので、以前と同じです。

　目安として、秋によい状態で冬越しに入れば、起こす時もよい状態で起こせます。かつては起こして餌付けから1ヵ月で産卵するといわれていましたが、近年ではなぜか若いメスでも産卵が遅くなり1ヵ月では産卵しない場合も多くなりました。起こして1ヵ月半～2ヵ月くらいかかると考えて日数を計算し起こす日を決めるとよいでしょう。

① 起こし方（ヒーター使用）

　起こす予定の4～5日前より、ヒーターで水温を8～10℃くらいに上げておきます。昔は天気のよい日を見計らって水換えをしましたが、天気が急変したりすると魚の調子が悪くなる恐れがあるので、今ではヒーターを使うことが多いです。

　以前はサーモスタットの最低温度は15℃からでしたが、今では下限が5℃からのものも販売されています。10℃近くで水温が安定

上質の青水での越冬は魚が一番落ち着く環境。

▶ 割水と色の移動

隣の池に静かに水を移す。つまり青水で割水をする。

割水をして青水を作り、魚を移す。新水2：青水8。

してきたら、空いている池を綺麗に洗います。この時は特に茶ゴケ、フワフワと長く伸びたコケなどはよく落とします。

綺麗に洗った池に新水を入れ、温度調整をして割水（青水を混ぜること）をたっぷりします。新水2：青水（古水）8の割合がよいでしょう。

年の初めの水換えを「魚を起こす」といい、起こしてから2〜3日は普段以上に魚の様子をしっかりと見て、よく泳ぎ、餌を探しているようならアカムシ（冷凍も可）、粒餌であれば水でふやかしたものを2〜3分くらいで食べ切る量を与え始めます。

起こして1週間ほど経った頃から、水のできを見て2回目の水換えをします。この時は新水3：青水7の割合がよいでしょう。次の水換えは5日目に新水4：青水6、その次も

## ヒント

### 焦りは禁物

2月は寒さが厳しい時です。起こしても焦らずに、魚をよい水で泳がすこと。魚は泳いでいれば元気といえ、濃い青水の中でよく泳ぐオスは発情するのが早く、逆に過食で肥大したメスは産卵しなくなってしまいます。

5日目に新水5：青水5というように水換えのたびに水の色を見て割水を少なくしていきます。

らんちゅうを起こす時、一度に新水だけで水換えすると冬を越した魚には刺激が強過ぎます。多過ぎると思えるぐらいの割水が魚のためといえます。

今はほとんどのプロ・アマの皆さんがヒーターを使って早めに冬眠から起こし、産卵させていますが、リスクもあるので初心者は数年ほど経験を積んでからのほうがよいでしょう。

② 起こし方（基本）

ヒーターを使わないで起こすのは2月末〜3月、春めいて水温が7〜10℃近くになる天気のよい日に起こします。起こし方はヒーターを使用する場合と同じで、新水2：青水8の

池を洗い、魚を起こす。

明け二歳も起こす。春先の二歳魚は活発だが病気に注意。

産卵床となる人工水草。

割水ですが、その次からの水換えは1週間に1回のペースで、陽気が定まる時まで青水は多めに新水4：青水6の割合で水換えを続けたほうがよいです。

　品評会用の会魚として当歳魚が完成する日数は孵化後150日以降ということで逆算すると、産卵は5月の八十八夜からでも十分です。

　春は日差しが強く、気温は低くても新水の刺激で青水が濃くなりやすいため、水のでき過ぎによるエラ病には注意しましょう。起こした後は1日1回は池の水をチェックすることが肝心です。

## 起こした後に必要なもの

　らんちゅうを起こした後は、産卵敷巣と産卵巣（水草）を用意しましょう。最近は水草もよい人工水草が販売されており、何度も使えるので便利です。敷巣はシュロの皮を敷き、池底に卵が落ちないようしますが、卵が池底に落ちなければよいのでプラスチックの波板などでもよく、角を丸く切り敷巣に使う人もいます。防虫網などもよい敷巣になります。敷巣は卵が池底に落ちて汚れが付き孵化が悪くなるのを防ぐためだけでなく、卵を移動する際にも便利です。

　産卵池で雌雄を掛け合わせて、翌朝に産めばよいのですが、産卵が2〜4日かかり、産卵池の水が汚れた状態で卵を産み終えた場合は注意が必要です。産卵後、孵化するまでに5日くらいかかり、稚魚の初水換えまで10日、合計18日以上になり、水が痛み過ぎて初水換えの時に水質が違い過ぎて稚魚を死なせてしまうこともあります。

　産卵を終え産卵池の水が汚れていたら、新水を張った池に卵を移すか、水を新水に換えるかします。水草を束にして池の隅に入れ産卵させる方もいますが、敷巣と巣草を使った産卵は巣ごと楽に別の池に移せるので便利です。早めに準備しておくとよいでしょう。

## 川でフサモを採る

　川でフサモ（金魚藻）やアナカリスが採れる地域の方は、それらを採集して束にすれば巣草として使えます。ただし、川から採る場合には根こそぎ抜いてしまわず、ナイフなどで切り取るようにしてください。根の部分は

### Column
### らんちゅう飼育の基本の「き」

　水換えの時やらんちゅうを取り込む時、サデ網ですくい上げることはしません。サデ網は寄せ網ともいい、らんちゅうを手元に寄せるための網で、黒仔などを寄せて洗面器などですくいます。親魚や大会サイズの当歳は寄せてから手で取り上げるのが基本です。

まだ未熟なメス。

成熟したオスは、繁殖期にはエラ蓋や胸ビレに追星という白いツブツブができる。

使わないので、根を残しておけば毎年採集できるからです。

　水草は川の浄化にも役立っています。根こそぎ採ってしまうと次に生えてくるのに何年もかかるので、必ず根は抜かないようにしましょう。2月の寒い時に採集しても長さが20cmもあれば十分です。束にして産卵に使う頃は新芽が伸びて丁度よくなるので、長くはいりません。

　採集した水草はタライなどに水道水を入れ、そこに冷水のまま1週間くらい浸けておくと川虫などが死滅します。その後に束にして使用します。金魚屋で売られている金魚草（アナカリス、マツモ）も束にして使えますが、同じように1週間くらいは冷水に浸けてから使用しましょう。

## 🐟 初めは自然産卵から

　らんちゅうを仔引きして育てたいと思い無理して人工受精に挑戦しても、初心者では採卵で親魚を傷めてしまったり、死なせてしまうことも多くあります。

　また、仮に上手に採卵できたとしても、大量に卵を採ってしまうと選別・水換えが遅れ、結果として育て切れなくなることが多いです。初心者では卵の採り過ぎは過密による成長不足、場合によっては秋まで育てられず全滅させてしまう原因にもなります。そのため、数年は自然産卵で仔引きをしたほうがよいでしょう。

　発情期には、オスは胸ビレからエラ蓋に発情の印である追星（白い斑点）がはっきりと現れ、朝、オス同士で追尾するようになります。メスは卵が完熟して産卵間近になると、腹部が柔らかく膨らみ、池の内縁を回り始めます。このようになったら、メス1尾に対しオス3〜4尾を合わせ、産卵させます。

　自然産卵は受精率が悪く稚魚が少なくなるので選別が上達するまでは大変ですが、年々早く選別できるようになり、魚の小さな曲がりや傷などを一目見て自然に次々とハネられるようになるので、そうなったら人工受精に挑戦するとよいでしょう。

### ヒント
#### 初心者はゆっくり産卵

2月産まれのらんちゅうも4月産まれのらんちゅうも秋の大会の頃になるとサイズの面では差があまりなくなります。そのため初心者や仔引きの経験の少ない方は、産卵目標は春らしい陽気となる4月中旬から5月初めがよい時期といえます。少々小さめでも締まった魚体のらんちゅうを育てましょう。

# 3～4月 交配と産卵

## 3月、4月は産卵の時期

3月は産卵が始まる季節です。地方によってもう仔引きしているという暖かいところもあれば、まだ雪の中という地方もあります。ただ多くの場所では3月に入ると1週ごとに日差しも暖かくなり、日中は10℃以上、日によっては20℃を超す時もあり、若い明け二歳のオスは発情の印である追星（胸ビレの白い斑点）が出始め、雄雌関係なく空追いし始めます。

そうなったらメスの体力を消耗させないように雌雄別飼いをします。オスはオス同士で空追いしているとさらに発情してきます。メスは産卵のため餌を食べる量も多くなり、卵をもつと腹部がふっくらと肥大してきます。

この時、早く卵を採りたいからと餌を多く与えて水換えを早くして新水（サラ水）にすることは危険です。冬越しの弱った体力が回復してきた時です。刺激はいりません。よい青水で完熟の卵を採取したいものです。水換

> **Column**
> ### 産卵の前に 基本2
> **らんちゅう飼育の、あいうえお**
> あ……朝。朝早めの水換え（水温が上がる前）が基本中の基本。
> い……色。水の色に注意（白、赤、黒は注意）。
> う……薄く。ゆったり少なめの薄飼い（秋では当歳魚は坪池で10尾）。
> え……餌。餌は腹八分より少なめの切餌（簡単のようで難しい）。
> お……親。親になって完成魚（当歳だけでなく親魚を作って一人前）。

えの失敗で病気（エラ病など）に罹ると産卵が遅れ、なかには産卵しない魚も出てくるので、水換えは焦らず慎重に行いましょう。

産卵時期のメスは餌をいくらでも食べますが、卵を腹にもつ前に過食によりメスの体がほかの魚より急に大きくなると卵を産まないことがあるので、「魚は泳がし、切餌」が基本です。

## 産卵期の病気は過食

産卵期には、オスもメスも産卵に向けて餌をいくらでも食べる状態になり、そのため過食や飼育水の傷みなどが原因でエラ病を起こすことも多くなります。

泳がなくなり池の隅にいたり、片方のエラの動きを止めているようであれば、すぐに給餌を止め、塩を0.5％と市販薬を入れ様子を

天然草でも人工草でも同じように産卵する。

産卵中。水温は22℃。初産は高めの水温で。

見ましょう。こじらすと産卵が遅れるどころか産まないこともあります。日々の観察をしっかりと行い、泳ぎが止まるなどの変調があれば早期に給餌を止め塩を入れることです。

　魚は、よい青水で泳ぎ回っている姿が元気な証といえ、発情も早いです。

### ◉ 産卵・繁殖

　3月半ばの彼岸が過ぎると気温も上がり花便りも聞かれ、池の水も7℃から時には18℃以上になる日もあり、この時期から5月にかけての2ヵ月は繁殖の最盛期を迎えます。

　この頃には、仔引きをする人は気温や水温はもちろん、メスの腹の膨らみ具合やオスの成熟度が気になり、このメスにどのオスを掛け合わせるかなど想像を膨らませます。らんちゅうを趣味に持つ、特に仔引きをする人が優等魚を夢見る楽しい時期です。

### ◉ 成熟を見る

　産卵の前に雌雄の熟成度を見ます。オスは発情の印の追星という白いツブツブのニキビのような斑点が胸ビレからエラ蓋に出てきます。この追星が出始めると、オス同士でも朝などには追尾し合っています。このような状態になるといつでも掛け合わせができます。

　オスは比較的発情が分かりやすいのですが、メスは個体によって発情の表情に違いが

産卵前日のメス。

オスの腹。

オスの発情。

下腹を触ると精子が出る。

あります。いろいろなタイプがありますが、メスは卵をもつと腹がふっくらとし薄いビニールのように柔らかくなり、総排泄孔（肛門）が膨らみ卵管も飛び出たようにせり出て、その周りも色付きます。

ただし、腹が固く卵管もせり出さず、いつ卵をもつのかも分からないようであっても、産卵直前に急に腹が柔らかになり産卵する魚もなかにはいます。このタイプは判断が難しく、目で見ていつ産むかを当てるには経験が必要です。

どのメスでも産卵前日の夕方は池の縁を回り、池の隅などを落ち着きなく動き回り、池の壁に体を擦り付ける動作などをします。この動作は多少の違いはありますが、どのタイプのメスでも見られます。

ただしなかには、さも「産みます」とばかりに巣草に乗ったり、池の内縁を回り「明日産卵です」といってるかのようでありながら、全然産まないとぼけた魚もいるので、繁殖時期の夕方は魚の動作を注意して見ましょう。それもまた楽しいものです。

夕方、池の縁を泳ぎ回る。

### らんちゅうの産卵する水温は

自然産卵の場合、4月後半〜5月の水温は夕方20℃以上、朝の産卵池が18℃以上になると産卵しやすくなります。

ヒーターを使った2〜3月の早採りは、朝の水温が22〜23℃で産卵しやすくなります。2度目（2番目）の産卵は20℃くらいでしますが、自然産卵と違い水温を高めにするため、産後の水温管理次第では大事な種魚を落としてしまうなど多少のリスクがあります。

初心者は池数、種親の数も多く持てないので、陽気がよくなってからの自然産卵で十分です。無理な産卵は避け、厳選した種親で、

メス親。

オスの親魚。

孵化後150日の当歳魚たち。

陽気に合わせて大事に産ませましょう。

### ◉メスにオスを掛ける

　雌雄（特にメス）が成熟し発情を確認できたら、産卵池を用意します。産卵池の水は新水（サラ水）だけのほうが産みやすいといわれていたことがよくありましたが、迷信と思ってください。成熟したメスは青水の中でも産卵します。

　体力を消耗した産卵後は、水質の違い過ぎでエラ病に罹りやすく、せっかくの種親を落として（死なせて）しまうこともあるので、産卵池の水も必ず青水2：新水8の薄めの割水を張った池に敷巣に水草などの産卵巣を入れ産卵池を作りましょう。その池でメス1尾にオス3〜4尾で掛け合わせます。この比率は、受精率が高くなるといわれているものです。

　また、このメスとこのオスの仔が欲しいということで雌雄1：1で掛け合わせることを一枚掛けといい、孵化率が落ちてもこうしたこだわりの交配をする場合もあります。

　明日産む魚は池の縁を回り、巣草にも乗るといい、オスは争うようにメスを草の中に追尾します。翌日の産卵を楽しみに保温のため池に蓋をして、翌朝は早起きしましょう。夜明けとともに産卵します。

### ◉産卵

　産卵は早朝に始まり、日が昇る頃には産み終わりますが、なかには昼頃までかかる魚もいます。最初、オスがメスを追尾しながら産卵巣の水草に押し上げるほど激しく追い、産卵を促すようにします。成熟したメスは刺激を受けて巣草に放卵し、オスが体を擦り寄せ

### ▶ 産卵・孵化の流れ

繁殖期には、オスが盛んにメスを追うようになる。

産卵後3日目の卵。

産卵後4日目。孵化した稚魚の数も増える。

孵化後10日目。ブラインシュリンプを食べるようになる。

放精して受精します。メスは卵を何度も巣草に産み付けますが、こぼれて池底に落ちる卵もあります。これを敷巣で受けるので、敷巣は必要となります。

　産卵が終われば雌雄を産卵池から飼育池に戻すのですが、その際、水温に差がないようにしましょう。産卵池の水温が高く、飼育池の水温と差があると産後の魚にはショックが強過ぎ、エラ病に罹りやすくなるので注意が必要です。

　最近では水温差によるトラブルの予防として、親を移すのでなく孵化池に卵を移すのがよいといわれ、この方法が採用されることも増えています。綺麗に洗った池に新水（割水はなし）を張り、卵が付いた敷巣と巣草を孵化池に移します。その際、水温は少々差があっても受精卵には影響はありません（10℃差でテストした結果、孵化）。

　産卵後の親魚は、産卵池を糞濾し網で掃除してから池に仕切りを設けて雄雌を分けて休ませます。親の飼育池の水温が同じになれば移します。産後のメスは、7〜10日で2番目の卵を産みます。オスを変えて交配させることもできるので、餌を切らさないように与えましょう。

　2番目の産卵時は、卵管が赤く充血するのが初産の時より分かりやすく見え、池を回る

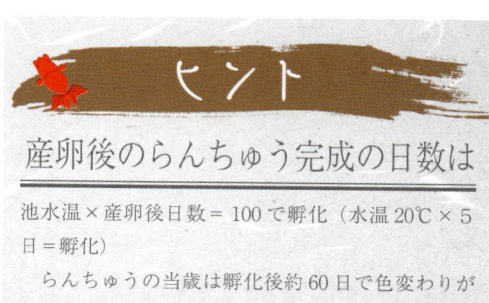

---

#### ヒント
### 産卵後のらんちゅう完成の日数は

池水温×産卵後日数＝100で孵化（水温20℃×5日＝孵化）

　らんちゅうの当歳は孵化後約60日で色変わりが始まり、120日で色と形が決まり、150日で会魚としてでき上がります。そして200日でさらに完成したらんちゅうになります。これが、稚魚の針仔サイズから鶏卵大になる当歳の成長日数です。

尾が十分に開き、選別の時期。

3回目の選別で大体の型が揃う。

そろそろ色変わりが始まる。

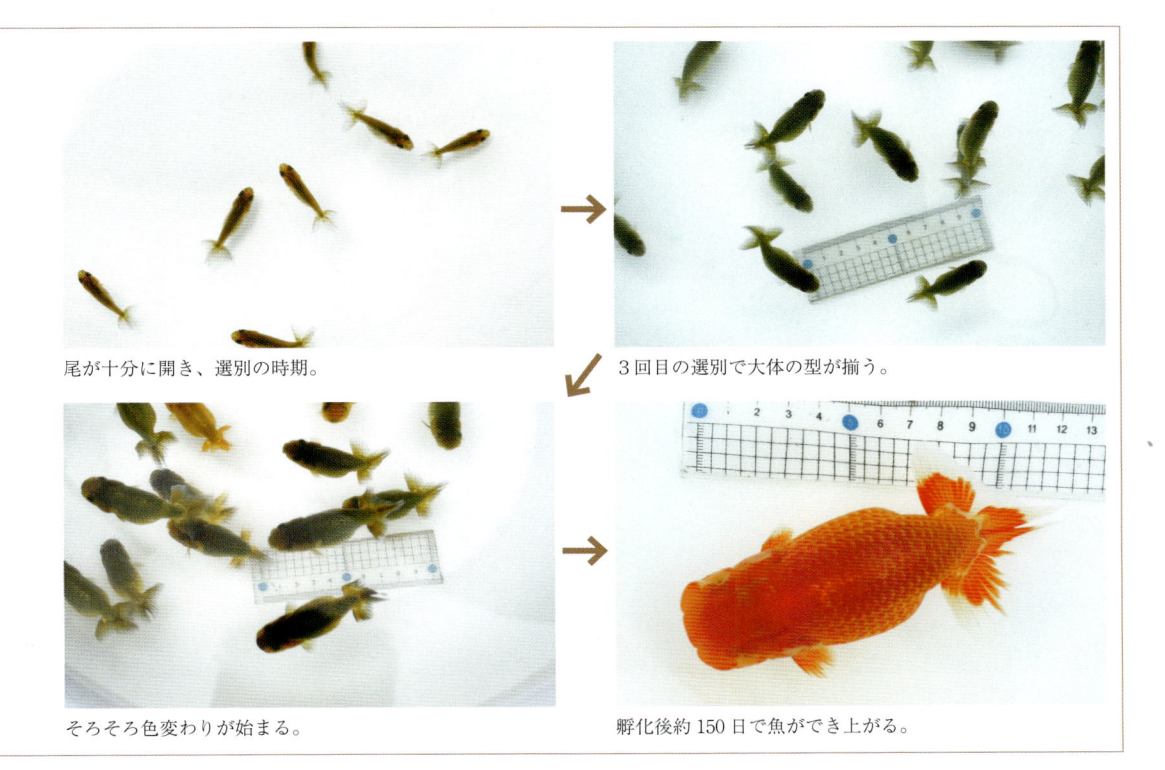

孵化後約150日で魚ができ上がる。

のも同じなので夕方注意して見ていれば採卵の失敗はほとんどありません。あとは経験を積めば分かります。

ちなみに、雄雌を池に何尾も入れて交配させ、卵を産み付けたいくつもの巣草を別の孵化用池に次々と入れて採卵する養殖方法もあります。

卵を早く採ろうと焦り、新水で刺激などを与えて何度も掛け合わせたりすると、雄雌ともエラ病に罹り、産卵が遅れることにもなりかねません。焦らず、空産みしてもよいというくらいでメスの成熟を待って掛け合わせましょう。もし空産みしても10日後には再度産むので、早掛けには注意しましょう。

## らんちゅうの受精・人工受精

らんちゅうの受精は「瞬間受精」といえるくらい早いものです。メスから放たれた粘着性の卵にオスが放精します。卵が水草や池底に付く前に精子がかかると即、受精します。物に付着した卵は後から精子がかかっても受精率が落ちるので、人工的に受精させる場合もあります。

人工受精する場合、まずは池で卵を産み始めた（必ず産卵を始めた）メスの腹を親指で軽く押して放卵することを確認します。オスは精管の横をやはり軽く挟むように押すと放精します。

これが確認できたら、雄雌の腹を軽く押しながらカジ尾とカジ尾を擦り合わせるように上下させつつ放卵、放精させると瞬間に受精し、卵は尾先から広がるように流れ落ちて巣草に付きます。カジ尾は尾ヅケのそばにあります。

尾と尾を水の中で上下させると水が尾先に流れますので、イメージとしてカジ尾同士を擦り合わせるようにすると魚同士が離れ過ぎ

成熟したメスは、腹を軽く押す程度で放卵する。オスは、親指と人差し指で腹を挟み、軽く押す。

ず受精しやすくなります。

　大きな魚で片手で持てない時、洗面器などを産み付けに使います。水を張った洗面器を池に浮かべオスを先に放精させてから、洗面器を回しながらメスの腹を軽く押して放卵させます。一度に絞らず、またオスを放精、そしてメスの放卵と繰り返してください。洗面器を池に浮かして回しながら採卵すると卵が平均に付き、水流で卵が粘着するまでの間が空き、受精率も高くなります。

　受精率は自然産卵ではオス次第で率は上がりますが、人工受精は慣れると80〜90％の受精率になります。ただしそのぶん、ハネ魚（欠点魚）は多くなります。これは、らんちゅうの会魚の産出確率は1％以下といわれ、産まれた稚魚の99％はハネ魚といわれるほどだからです。ただそれだけに、よいらんちゅうを作ることが面白くもあり、それこそがらんちゅうが大人の遊びといわれるゆえんでしょう。

　人工受精の利点は一枚掛けができる点です。「これは！」と思うオス、メスを掛け合わせることで確実に両親の仔が産まれます。ただし、少し慣れないと、オスの精子がメスの一腹分には不足してしまうこともあります。特に若いオスなどは、少しずつ休ませながら放精させて人工受精を行います。

　自然産卵、人工受精のどちらも、産卵後にメスの卵管が出たままになったり、次の腹仔（白い綿状）が出てしまうことがあります。卵管には絶対に指で触らないようにしてください。触ると指の雑菌に感染して腹腐れになります。大事な種魚を落とさない（死なせない）ように注意して慎重に扱いましょう。

## 洗面器での採卵に？

　洗面器を使い採卵するのは、巣草を用意していない時に産卵してしまったというような緊急の場合に限ります。通常はやはり、巣草で産卵させたほうがよいようです。

洗面器での産卵は立ち上がり（泳ぎ出し）が悪く、曲がり（奇形）の稚魚が多く出るという説があります。少ない例ですが、私は実験を兼ねて半分は池の巣草を使い、半分は洗面器で採卵し、池に入れて孵化させたことがあります。その結果、稚魚は明らかに洗面器で採卵したほうが腰曲りなどが多くなるようでした。2〜3回の実験ですので異論もあるかと思いますので、あくまで参考としてください。

### ◉ 産卵後の親の管理

　産卵後は雌雄を別飼いにしましょう。メスは卵を採り終えたら、卵を腹にもたないように餌を切ります。1〜2週間餌を止めると卵をもたなくなります。ただし、なかには産卵するメスもいます。その時は洗面器などに手で絞り産ませます。メスの腹部を親指で軽く押すと放卵しますから一気に絞らず何回かに分けて休ませながら絞ります。

　繰り返しますが、注意すべきは、メスの卵管には絶対に触らないようにすること。雑菌により腹腐れになります。人の手は菌だらけですから。

　稚魚が産まれるこの時期は、親魚を粗末に扱うというわけではないのですが、どうしても当歳魚中心に飼うようになりがちです。

　親魚は種魚、会魚に分けて飼育します。この時期は一番育つ時なので会魚はゆったり少なく飼い、しっかりと作り込みましょう。また種魚は少々放置気味に飼い、あまり大きくならないようにします。この種魚から採れた仔が秋によい魚に仕上がったならば、小さく育てたこの魚は何年もよい種魚として使用できます。

　種魚として、特によい魚は小さく作るとよいでしょう。

雌雄のカジ尾を上下に擦り合わせるように動かす。

採卵の際にメスの卵管には決して触れないように注意。

産卵後も親魚を大事に。

飼育暦　冬眠明け〜産卵

▶ **人工受精の手順**

1. オスの胸ビレに追星。

2. 軽く触るだけで精子が出るようになる。

3. 産卵前日のメス。

4. メスが産卵を始めたら人工受精を行う。

5. 上下に、カジ尾同士を擦り合わせるようにする。

6. 水流を作り、卵と精子が後方へ流れるようにする。

7. 受精卵は草に付くと透明に、無精卵は白くなる。

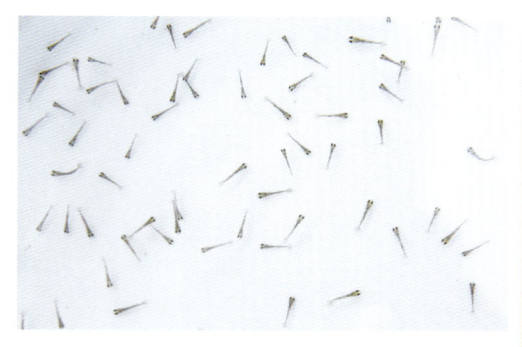

8. 稚魚が立ち上がり泳ぎ出す。

## 第4章

飼育暦
## 孵化〜黒仔の選別

# 3～4月 卵の孵化

### 孵化・稚魚の餌・水換え

　早朝に産み付けられた卵は1.5mmほどで、完熟の卵は透明感のあるべっ甲色をしています。受精卵は水草に付くと透けて見えにくいのですが、翌日になると無精卵は白く濁り、さらに日が経つと水生菌のため白いカビが生えるので違いが分かります。

　この水生菌の繁殖を抑えるには、産卵が終了したら親を飼育池に戻し、産卵池に殺菌剤を入れます。ちなみに簡単な方法としては、市販のマラカイトグリーン溶液を産卵池に規定量の半分注入すると水生菌を抑える効果が期待できます。薬害の心配はほとんどありません。通常、卵が孵化する頃には薬効がなくなっているので試してみるとよいでしょう。

　孵化日数は水温によって違ってきます。積算温度といい、分かりやすくいうと水温×日数＝100になると孵化します。1日の最高水温が20℃なら5日、25℃では4日で孵化します。ただし、あまり高温で短時間で孵化させると奇形の産まれる確率が高くなるといわれ

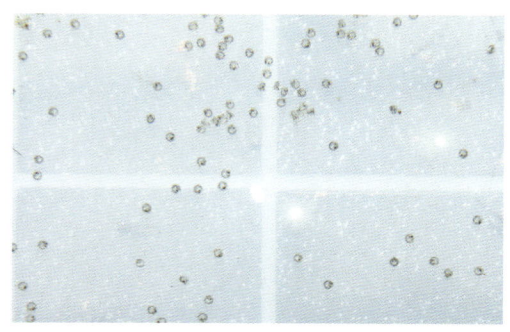

孵化直前の卵。

孵化後間もない稚魚。

ています。

　また低温のため孵化するまでに10日もかかると曲がりや尾の開きが悪い不良魚が多くなるといわれているので、5～6日で孵化する17～20℃が孵化に適しているといえるでしょう。ちなみに孵化予定日の前夜から水温を2℃上げると、卵抜けがよく、曲がりが少なくなるといわれていますが、真偽のほどは定かではありません。

### 稚魚（針仔）の餌付け3日目

　孵化間近になると卵の中に黒く稚魚が見え、なかにはくるくると回るのも見えます。朝、池の蓋を開けると巣草に卵は見えず、巣草を指でそっとずらすと針のような稚魚（針仔）が元気に泳いでまた草に隠れます。

　稚魚は孵化して1～2日は腹に未消化の卵黄が付いています。これを臍囊（さいのう）といい、卵黄を消化するまで餌は食べません。3日目になるといっせいに泳ぎ出し、餌を探し始めます。これを稚魚の「立ち上がり」と

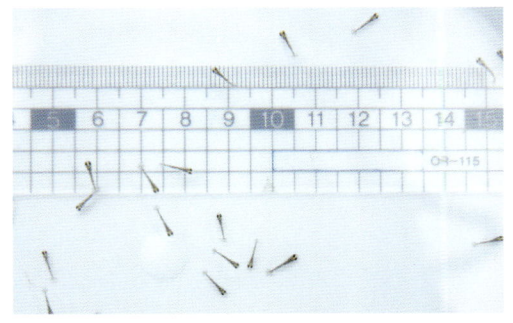

泳ぎ始めは、ゆで卵の黄身を水に溶いて与える。

いいます。

　全体に池の上層まで餌を探し始めたら、初期飼料としてゆで卵の黄身を与えます。一腹分の稚魚は小指の爪ほどの量で足りるので、ガーゼなどを使って水を張ったボウルに溶いて、池に撒いて与えます。

　黄身が残り水が傷み失敗したという話を聞きますが、それは与え方の問題です。縫い針の先くらいの稚魚ですから、少量を溶いたミルクのような白い水を与えるだけで十分で、稚魚の腹が白くなり食べたことが分かります。

　黄身は初期飼料ですが、次に与えるミジンコやブラインシュリンプが用意できない時はしばらくは黄身を与えることになります。ただ、黄身は水を傷めやすいので注意が必要です。最近、針仔用の初期飼料が市販されているので、用意しておくのもよいと思います。

　4日目から餌としてブラインシュリンプを与えるために、黄身を与えた3日目の朝、ブラインシュリンプの孵化器をセットします。

## 餌付け4日目

　初期飼料として黄身を与えた後は、ブラインシュリンプを孵化させ、4日目からアカムシが食べられるような大きさになるまで活餌のブラインシュリンプを与えます。

　ミジンコの採れる地域であれば、らんちゅうがアカムシを食べられるサイズになるまで

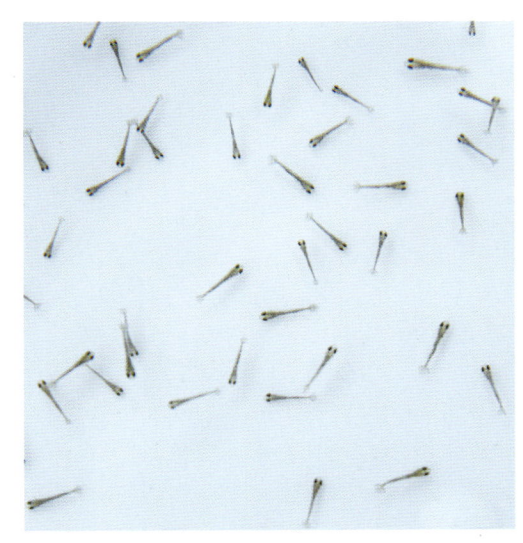

黄身の後の初期飼料は、ブラインシュリンプが適している。

ミジンコを与えます。近年、川や池が整備されミジンコが採れる地域が少なくなったので、ブラインシュリンプを上手く扱えるようになっておきましょう。

　稚魚に与えるブラインシュリンプの量をマスターするのは、ミジンコのそれよりも少し厄介ですが、ブラインシュリンプは小さく、針仔にムラなく食べさせられるのでとびっ仔（飛び抜けて大きい仔）や小さい仔が少なく、平均的な大きさに揃えやすくなります。

　初期にブラインシュリンプを与える1日の量はだいたい下記の通りですが、あくまでも目安としてください。一腹分の針仔に与える場合、「1日の量」として小サジすり切り1杯分（約2.5g）の卵を孵化させて、それを2回に分けて与えます。

　稚魚の数が多い時でも初期の4～5日は5gの卵を孵化させれば十分です。その後、量を増やしていきます。注意すべきはブラインシュリンプが池の中で生きていられる時間で、およそ半日くらいです。そのため食べ残しは死んで池底に溜まり、それが腐敗し始め稚魚に悪影響を与えます。食べ切れる量を数回に分けて与えることが大切です。

# 孵化後1週目

## 初水換えは何日目

　孵化後初めての水換えは、産卵池でそのまま孵化させた場合と、孵化池（新水）に卵を移して孵化させた場合とではその時期が変わります。

　産卵池から親魚だけを移してその池で孵化させた場合は、孵化後1週間で初水換えをします。産卵前の最後の水換えから数えた場合、産卵するのに2日、孵化までに5日、孵化後7日で、水換えまでに最低でも計14日になります。特にブラインシュリンプを与えた場合、死んだブラインシュリンプが腐敗して水の傷みが早くなり稚魚に悪影響が出るので、初水換えは孵化後1週間で行いましょう。

　産卵池より卵を新水の孵化池に移し孵化させた時は、孵化後10日で水換えをします。ただし、3月産まれと4～5月産まれでは気温・水温が違います。そして水温が高いほど水換えは早くなります。

水換えの際、サデ網ですくわず洗面器などを使って魚をすくい、静かに移動する。

## 稚魚の水換え方法

　初水換えは、綺麗に洗った池に古水（飼育水）を5～7割、水温が少し高めの新水を5～3割入れて水を作ります。後は稚魚を静かに移し換えます。稚魚池の飼育水を抜いたり移したりする時に、吸い籠（スイコともいう）を使います。この籠を稚魚のいる池に沈め、ポンプやホースでサイホンの原理で排水します。

　水を抜く時はゆっくりと、稚魚を傷付けないようにします。らんちゅうの池には魚溜まりという洗面器大のへこみがあり、池の水が徐々に抜かれると、周りの傾斜で魚溜まりに稚魚が自然と集まるようになっています。稚魚が魚溜まりに寄り集まったところで、洗面器ですくって用意した新しい池に移します。孵化率がよく稚魚の数が多い場合は、池を始めから2面用意して分けると稚魚も早く育つのでよいでしょう。

　稚魚は、池の水深を12～15cmと浅くして飼います。2回目の水換えは、1週間後に古水5：新水5で同じように行います。あまり時間をかけず、手際よく行うのが稚魚のためです。

　気温上昇と水の傷み方を見ながら、次の水換えまでの日数を調整しましょう。通常、気温の上昇とともに水換え日から7日、6日、5日、4日目というように水換えのペースは早くなり割水も少なくなりますが、しばらくは5～7日目で水換えします。稚魚は、水換えごとにどんどん大きくなります。

選別用具。大中小の洗面器、大小のサデと浮かし箱。

糞濾しには、目の細かな濾し網を使う。

池を洗うデッキブラシとスポンジブラシ（自作）。

ちなみに水換えの時、稚魚や黒仔をサデ網などですくわないように注意してください。尾先などに傷が付くと尾のめくれの原因になるといわれます。昔は稚魚から親魚まで、サデ網ですくうと先輩に怒られました。
「らんちゅうは赤もの（金魚）ではない」と、「らんちゅうのサデは寄せ網といって、手元に寄せて洗面器ですくうか、また手で掴むために使うもの。小サデはハネをすくって捨てるためのもの。稚魚の水換えでサデを使うとは、君の魚はどぶ（下水）行きかい⁉」と皮肉られました。

### 🔶 稚魚の選別（よりっ仔）、水換えの道具

水換え時の池の掃除に使用する道具としてデッキブラシ、スポンジ、バケツとサデ網（市販）のほか、糞や汚れをすくい濾し取る「糞濾し」をする時に使う濾し網という目の細かい袋状の網を用意します。これは水換え時に古水を濾して割水する際にも使います。

洗面器はホーロー製やFRP製のもののほか、普通のプラスチックのものでも白ければよく、直径は30cm、40cm、50cmのものを用意するとよいでしょう。

そして稚魚～黒仔の水換えに使う吸い籠（ステンレス製）は、手に入りにくいようでしたら金物ネット製のチリ籠に洗濯用ネット袋をはかせて代用できます。

浮かし箱は、選別の時に使用します。水換えをした池に浮かせた浮かし箱へ稚魚を入れ、そこから小さい洗面器ですくい選別します。選別に時間がかかっても稚魚が酸欠にならないので、作っておくと便利です。

「浮かし箱」を使って選別を行えば魚への負担も少なくて済む。

産後の親魚の水換えは手抜きしないように。

　浮かし箱は、工務店でステンレスの網か防虫網の目の細かい物を購入し、それを60cm四方で高さが15cmほどの木枠に張れば簡単に作れます。仔引きする場合には必需品といえます（1回目の選別より使用）。

　昔は、らんちゅう飼育は糞濾し網、サデ網、ミジンコ採り用網、選別用小サデを作ることから始めました。特に小サデは、自分の手に合わせて太さや長さを決め、使いやすいように作ることが第一でした。

## 産卵後の親魚の管理

　産卵した親魚は、7～10日後に2回目の産卵をします。そのまま餌を与え続けると何度も産みますが、ほかのメスにも産ませるなどの理由でもう採卵しないというメスは、給餌を止めます。1～2週間給餌を止めると、そのメスは卵をもたなくなります。あとは雌雄別飼いにして育てます。水換えも5日ごとに行い、よい水の状態で産後の親魚を飼育しましょう。

　この時期は当歳の針仔、黒仔ばかりに集中しがちで、二歳魚・親魚の池などは管理不足により水換えも手抜き気味になりやすく、しかも親魚は産後のやつれから、低水温時になる「春エラ病」に罹りやすい状態にあります。

　春エラ病の初期症状は、エラを開かず池の隅にいたり、餌食いが少ないかなと思う程度なので、当歳魚に力が入り過ぎて見逃してしまうことがあります。また「親魚は強いから塩を少し入れておけば大丈夫」と水換えで手抜きしたりすると、4～5月頃に病状が悪化し、エラを腐らせて落として（死なせて）しまうことにもなります。親魚が死に始めてから慌てて薬を入れて治療を始めても手遅れで、全滅することにもなりかねません。

　最近、らんちゅうがウイルス感染で全滅し

産後は青水の中で休ませる。

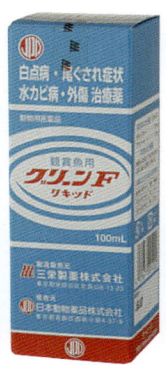

片エラを止めたら早めにプラ箱などで隔離治療。

片エラを止めたら早めの塩の投入と薬浴を。

30〜33℃に上げ対応しても産後の魚には後の祭り、手の施しようがないほどです。

ちなみに私が行っている春エラ病の治療方法は、塩0.6〜0.7％（水100リットルで600〜700g）に市販の細菌性魚病薬を規定量使用し、1週間は薬浴させるというものです。薬効は1日で半減するので、毎日新しい塩と薬を新水に溶かし、そこで薬浴させます。

30〜50リットル入るプラ舟のようなケースを池に浮かべて薬浴すると正確に塩や薬が使え、薬効が得られます。寒さに向かう時期に発症する「秋エラ病」も同様の薬浴ですが、こちらは1週間以上かけて治します。春エラ病も秋エラ病も早く見つけて早めの薬浴が一番です。

てしまったという話も聞かれましたが、残念ながらウイルス感染にはまだ治療薬、治療法が確立されておりません。免疫力を向上させる餌などが販売されているのでおすすめです。

また、春エラ病とウイルス感染を混同している方も見受けられます。10〜15℃以下の低水温時の飼育のミスによりゆっくりと進行するエラ病が春エラ病です。1〜2尾ずつ徐々に死んでいき、やがて全滅するという感じです。

ウイルス感染は20〜25℃で発病し、池全体でまとめて死ぬような感じなので、水温を

## ヒント

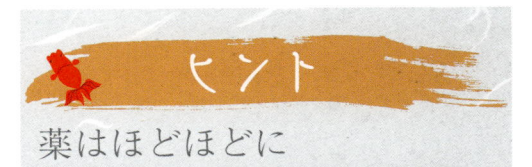

### 薬はほどほどに

らんちゅうの病気は、片方のエラの動きを止めたり、池の隅で泳がずにいる魚を見つけたらすぐに隔離して塩を入れる、というように早期発見、早期治療が重要です。

早期であれば塩で治ることも多く、さらに市販の薬でも十分に治療できます。逆に、あれこれ薬の使い過ぎでの薬害で悪化させてしまうことも多いようなので、注意してください。50リットルくらい入るプラ箱があると正確に薬浴できるので重宝します。

# 孵化後 2〜3週目

## ● 稚魚の選別基本　2〜3週

　孵化後、週1回の水換えをします。そして3回目の水換えの時から、選別（よりっ仔）を始めます。どんな銘魚の仔であっても、約3000〜5000尾もの稚魚のうち、秋までによいと思えるようならんちゅうになるのはせいぜい1％です。さらに優等魚となると限りなく0％に近く、優秀魚に作るには将来有望な個体をしっかりと残すこと、つまり選別が非常に大事になります。

　ベテラン愛好家のなかには2回目の水換え時から選別する人もいますが、経験の少ない方は、池に余裕があればこの時に稚魚用の池を2面に増やしましょう。

　3回目の水換えには尾の開きもよくなり選別しやすくなりますが、まだ小さいと思えるようでしたら4回目の水換えで選別を始めましょう。ちなみにこの頃の水換えは、割水を新水5：古水5で行うと安心です。

　1回目の選別は、フナ尾、スボケ尾（吹流し）、体の曲がり、泳がず底に沈んでいるもの、頭

洗面器で選別する際は、少数を入れ、迅速に行おう。右のボールはハネた稚魚。

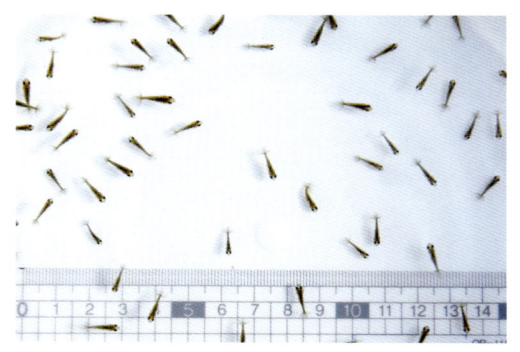

孵化後20日。この頃にベテランは1回目の選別（初ヨリ）をする。

を下にして逆さになるものをハネ（捨て）ます。尾に関しては、1回目は無理な選別はしないようにしましょう。

　体の曲がり、ひねりが少しでも見えたらハネます。逆さになる魚は、腰のあたりがエビのように曲がっているからなのでハネます。逆さにならないが洗面器の底を尾を擦って泳ぐのも、体の曲がりです。

　つまりスムーズに泳ぎ、体が真っ直ぐで、尾は広がっている稚魚を残すのですが、これが難しく、初心者では思い切ってハネられないのが普通です。ただベテランでは、1回目の選別で半分以下の尾数に淘汰します。

　しっかりと選別するには数時間かかるので、必ず浮かし箱を使い選別することをおすすめします。水作りした池に浮かし箱を浮かべ、その中に稚魚を入れ、少しずつ小さな白い洗面器で稚魚を掬い選別します。

　初心者ほど一度に大きな洗面器にたくさんの稚魚を入れて選別しがちですが、それでは時間もかかり、見落としが多くなり、うまく

▶ 初期に上見で判断できる傷

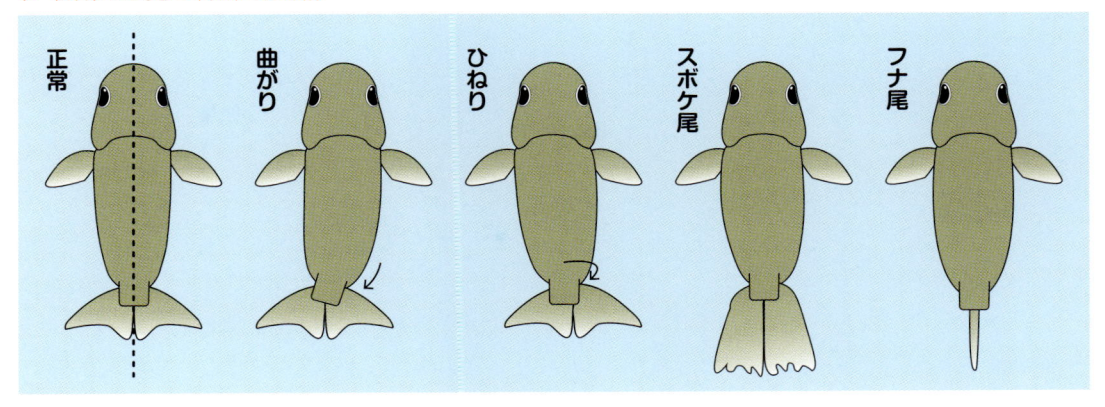

正常　曲がり　ひねり　スボケ尾　フナ尾

## ヒント
### 初ヨリのコツ

　1回目の選別のコツは、まだ完全に尾の広がりがないので尾形を重視せず、むしろ見ないくらいで選別することです。まずは体の線だけを見て、曲がり、ひねり、腰曲がり、逆さと洗面器の底を這うような泳げない稚魚だけをハネます。体の線だけの選別であれば時間もあまりかからず、半分近くハネることができます。尾は、フナ尾のような開きのない尾のみハネる程度にします。

減らすことができません。ベテランは小さな洗面器に少なめに稚魚を入れ、曲がりなどの傷魚をどんどんハネ、よいと思える魚だけを残します。結果見落としが少なく、飼育尾数も減るため大きく育てやすくなります。

　初心者は、最初は一腹分の稚魚を2池に分け半分にしてから選別するほうがよいと思います。

### ◎ 選別後の給餌は
### 　 初心者のミスが出る時

　1回目の選別で尾数が半分以下に減り、稚魚が池のどこにいるのかと探すほど少なくなっても、1〜2週間もすれば魚も大きくな

り、また選別するようになります。

　この時期に注意することは、給餌です。数が少なくなった稚魚に選別前と同じ量の餌を与えても食べ切れず、残餌の腐敗で水質が悪化します。稚魚は水質の変化には弱く、特に半日くらいしか生きていないブラインシュリンプの腐敗で稚魚を死なせてしまうことが多いので、餌の量は選別前の半分にしましょう。3〜4日すると前と同じくらいの量を食べるほどに稚魚が育ちます。

　ミジンコの場合、らんちゅうが食べ残しても生きているので、軽いエアレーションをしておけば余程与え過ぎない限りは大丈夫です。どちらの餌も少しずつ、2〜3回に分けて与えましょう。切餌がよい与え方です。

　切餌とは、魚が1日に食べる量を1回で与えず、数回に分けて食べさせることです。1回に与える量は少ないのですが、結果として1日に食べる量は多くなります。与えるたびに残餌がないかをよく確認しましょう。

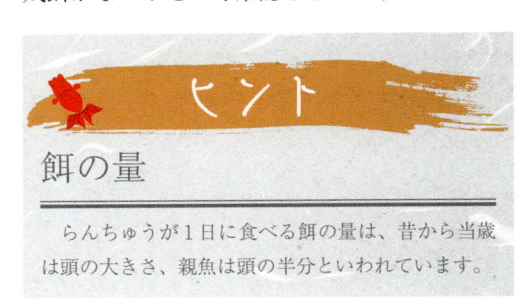

## ヒント
### 餌の量

　らんちゅうが1日に食べる餌の量は、昔から当歳は頭の大きさ、親魚は頭の半分といわれています。

# 孵化後 3〜4週目

## 魚の選別基本　3〜4週

　この頃になると、黒仔というのにはまだ早いですが、らんちゅうらしい姿になってきます。この時期の選別はいかに厳選できるかが鍵となります。2〜3回目の選別が、よいらんちゅうを作れるかどうかの分かれ道です。

　1回目と同じく曲がり、尾の開きの不均等、ひねり、泳げないものはハネます。そして今回からサシ、ツマミも選別します。サシ、ツマミは稚魚の写真で見ても、動画で見ても分かりにくいので、右頁のイラストを参照して下さい。イラストは少し強調してありますが、頭にしっかりと入れておいてください。

　この時期、尾芯が少しでも黒く見えたら徹底してハネます。魚が大きくなるにつれて尾芯も太く板状になっていくので、見るべきポイントを早く覚えて、しっかりとハネましょう。

　ちなみに、この時点では背腰はまだ見ず、上から見て背に黒い点があるようなら、それは背ビレの名残りの突起なのでハネます。厳選した魚は再び半分くらいの尾数になると思います。

　この時期は水換えするごとに日増しに育ち、らんちゅうの仔とはっきり分かるようになっていきます。

※孵化後1月を過ぎる頃になると、割水をしないで新水（サラ水）だけの水換えをして、エラ病に罹らせてしまう方もいます。予防のためにも、まだたっぷりと割水するようにしましょう。

## 選別の基本中の基本は

　選別は、傷のある魚をハネて、よく見える

### ヒント
#### よりっ仔のコツ

　2回目の選別も尾形にあまりこだわらず左右均等に広がりがあればよく、曲がり、ひねり、泳ぎないといった魚は前回と同じにハネますが、今回からはサシ、ツマミをハネます。

　サシというのは、尾芯が尾付けから尾筒まで割り込む状態をいいます。パッと見ただけでは分かりづらく、小サデでらんちゅうを横にして見た時に、尾芯が尾付けから尾筒に黒く突いたように見えたらハネます。2〜3回目の選別では、尾芯が黒く見える魚をハネるだけでも相当数選別できます。

　芯の黒い魚をハネるのは簡単なようで意外と難しく、小さいうちに完全に選別できるようになるのには年数がかかります。らんちゅうが指の太さくらいになってようやく気がついて、がっかりするといったことのないようにしましょう。

### ヒント
#### ベテランの余裕、初心者の焦り

　ベテランと初心者の差。選別して稚魚が少なくなると「池が空いた」と喜ぶベテラン、「魚がいなくなってしまう」と不安になり選別が甘くなるのが初心者。らんちゅうは99%がハネ魚、会魚といえるようなよい魚は孵化した稚魚の1%以下の世界です。割水も、陽気を見ながら増減するのはベテラン、極端な減らし方をするのは初心者。

▶ 初期に上見で判断できる傷

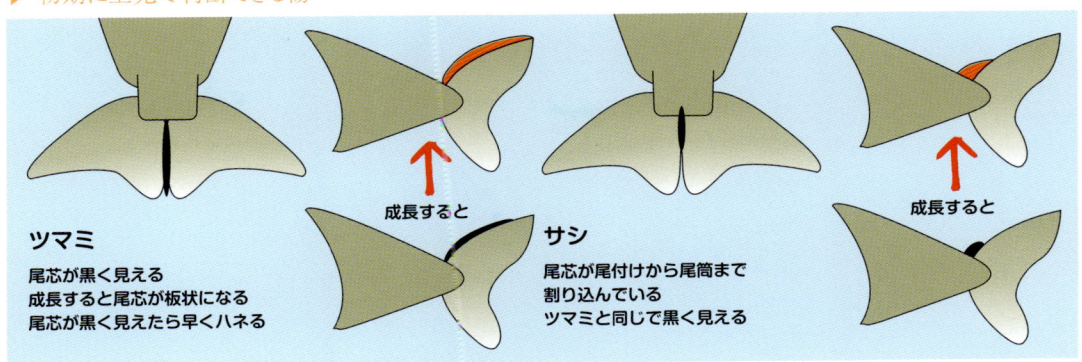

**ツマミ**
尾芯が黒く見える
成長すると尾芯が板状になる
尾芯が黒く見えたら早くハネる

成長すると

**サシ**
尾芯が尾付けから尾筒まで
割り込んでいる
ツマミと同じで黒く見える

成長すると

魚を残すのが基本です。逆に、よいと思える魚だけをすくって残し、後はハネるというのはミスのもとです。

らんちゅうがタバコの太さほどに成長するまでは、必ず浮かし箱などに入れ、洗面器ですくい、傷魚をハネてよい魚を残すという方法で選別してください。魚は成長とともに大きく変化します。

## 月別の水換えと飼育尾数

近年、温暖化のためか気温が高く、水換えの回数が多くなっています。3～4月の水換えの回数は昔と比べて倍になっています。5～6月、この時期の選別がよし悪しの分かれ道となります。

7～9月は高気温のため、水のでき過ぎによる差し水や水換えの必要が出てきます。この頃には魚のもつ遺伝子により差が出てきます。9月中旬～11月は青水の飼育で、12～2月は越冬させます。

## 水換えの日数と割水

らんちゅう飼育は「一に水作り」、つまり水換えです。らんちゅうの病気の7～8割は、

▶ 水換えのサイクル

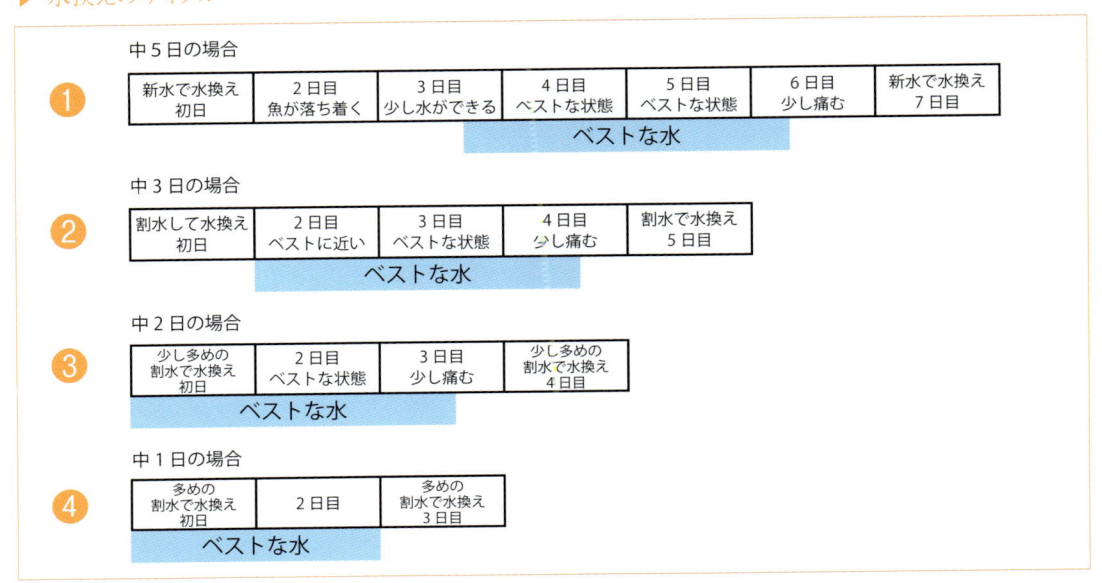

**① 中5日の場合**

| 新水で水換え 初日 | 2日目 魚が落ち着く | 3日目 少し水ができる | 4日目 ベストな状態 | 5日目 ベストな状態 | 6日目 少し痛む | 新水で水換え 7日目 |

ベストな水

**② 中3日の場合**

| 割水して水換え 初日 | 2日目 ベストに近い | 3日目 ベストな状態 | 4日目 少し痛む | 割水で水換え 5日目 |

ベストな水

**③ 中2日の場合**

| 少し多めの割水で水換え 初日 | 2日目 ベストな状態 | 3日目 少し痛む | 少し多めの割水で水換え 4日目 |

ベストな水

**④ 中1日の場合**

| 多めの割水で水換え 初日 | 2日目 | 多めの割水で水換え 3日目 |

ベストな水

▶ 月別換水数と当歳魚の尾数

180×180cm 池1面

| 月 | 換水数 | 尾数 前半 | 尾数 後半 |
|---|---|---|---|
| 3月 | 4〜6 | 3000〜 | 1000 |
| 4月 | 5〜7 | 1000 | 150 |
| 5月 | 6〜8 | 150 | 80 |
| 6月 | 6〜8 | 80 | 30 |
| 7月 | 7〜10 | 30 | 15 |
| 8月 | 7〜10 | 10 | 10 |
| 9月 | 7〜8 | 10 | 10 |
| 10月 | 5〜7 | 10 | 10 |
| 11月 | 3〜4 | 10 | 10 |
| 12月 | 1 | 10 | 10 |
| 1月 | 0 | 10 | 10 |
| 2月 | 1〜2 | 10 | 10 |

水換えのミスによるものといわれています。昔は「週1回の水換えでなるべく水をもたせること」といわれて、差し水などを行いながら①の週1回（中5日）の水換えでした。

また、差し水せずに水換えを早めることで水のでき過ぎを抑える②の5日（中3日）の水換えが一般的でした。

尾島系の指導者は、池4面であれば1面を水換え用に空けておいて、毎日1池を水換えすることで③の4日（中2日）の割水を多くした水換えができるように新人に教えて、そ

れが広まりました。

近年は、温暖化のせいか夏の気温が38℃を超すような日が多く、夏は④の3日（中1日）で水換えする方も増えています。

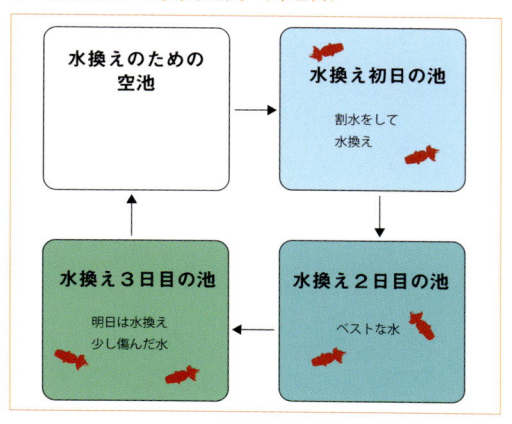

## 孵化後の水換えは決まっていない

孵化後の水換えは、産卵の月によって違いが出ます。3月の初めに産まれた池の水換えは、3回目までは1週間に1回行い、その後は5日に1回、4日に1回と水換えをしていきます。

4月産まれは2回まで1週間、後は5日に1回、4日に1回にしていきます。5月産まれは、孵化後1週間で水換え、その後の2回は5日に1回、その後は4日に1回のペースで換えていきます。

ただし、水換えの日数はあくまでも目安です。水温と与える餌によって飼育水の傷み方は変わるので、状態次第で水換えのペースも変えましょう。飼育水をよく見て、汚れていると思ったら早めの水換えを心掛けることです。その際、割水をしっかりすることに違いはありません。

餌としてブラインシュリンプを与えている場合は、ほとんどの方が与え過ぎによる水質悪化を経験しています。ブラインシュリンプを与えている時は、早めの水換えが肝心です。差し水（水を抜き、新水を足す）では池底の汚れが取れず、水がすぐに傷んでしまうので、必ず割水した水換えをしましょう。

余裕ある水換えを行うためには、汲み置き用の池かタンクがあると便利です。

▶ 池4面での水換え例（中2日）

# 孵化後4〜6週目

### 魚の選別基本　4〜6週

　この頃にはだいぶらんちゅうらしくなり、稚魚から青仔と呼ぶようになります。稚魚の体に鱗ができてくると同時に、尾に厚みが増し、尾の広がりもしっかりしてきます。

　孵化後40〜50日の青仔はベテランが一番慎重になるサイズとなり、どれだけ厳しく選別できるかでこの時期から差が出ます。

　前回の選別と同じく、体のひねり、曲がり、尾の左右不均等、尾の曲がりやひねりが少しでも見られたらハネます。これらは、大きく成長するほどにスムーズに泳げなくなります。また特にサシ、ツマミは前回の選別より見やすくなっているので、徹底してこの時期に厳選します。

　体のひねりや曲がりは上から見て分かりやすいのですが、エビのように縦に曲がった稚魚（腰曲がり）はやや分かりにくいです。体に少しでも曲がりやひねりがある魚は真っ直ぐに泳げず、腰曲がりの魚は洗面器の底を擦って泳ぎます。いずれにしても体に何らかの欠点がある魚はスムーズに泳げませんので、ハネます。

　3〜4回目の選別でサシ、ツマミなどはしっかり見落としのないようにハネます。特に初心者は、尾芯が少しでも黒く見えるものは全てハネるということを心掛けましょう。ここで手を抜くと色変わりの頃にツマミが目立ち、会魚として通用しなくなってしまうので、稚魚のうちにハネます。

　尾形の選別は、左右同じ大きさで丸みがあり、広がりのある魚を残すのが基本です。この時期から、尾形の先行きのよし悪しを見極める目が必要になります。

　「特に初心者は」と書いてあるのを疑問に思うかもしれませんが、プロはサシ、ツマミのあるらんちゅうは観賞用として販売することもあるので、残すこともあります。

　ただし本書では、あくまでアマチュアの方が品評会基準の会魚を作出するのことを目標に解説しているので、「尾芯が少しでも黒いものはハネる」と通常よりも厳しい選別が求められるのです。慣れると、当たり前のようにハネることができるようになります。そうなると飼育尾数も抑えられ、結果として稚魚が大きくなるのが早くなり、飼育も楽になります。

### 覚えよう黒仔の尾形の基本

　尾形の選別は厳しくしたいものです。孵化後5〜10週は「黒仔大関」といわれるように、どの黒仔もよく見え、選別が甘くなる時です。この時期の尾形の選別の基準は、62頁左下の

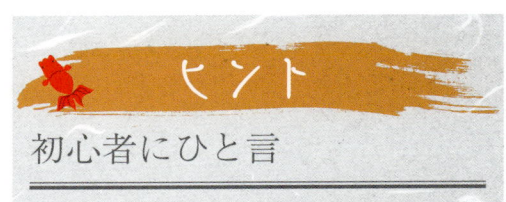

---

**ヒント**

**初心者にひと言**

この時期は、選別技術に差が出る時です。尾形は張りが強く、親魚のような丸みの背なりの魚を選ぶのは初心者。先行きを見た選別はベテラン。

尾芯が黒く芯太のように見える。

横長で少し板状に見える。

魚が大きくなるほどに板状になり、ツマミになる。

図の3が普通尾で、1は張り過ぎで、尾が成長に伴いひっくり返ってしまいます。2、3、4のような尾を残しましょう。

ただし、親の血筋によっては1と2だけ残したり、3と4だけ残したりもします。これは親の血筋が把握できており先行きの尾捌き、尾の振り込みがよく分かっている場合の選別です。

尾形は、黒仔〜色変わり〜成長期〜秋の鶏卵大の間に七変化するといわれるほど変わりますが、実情は「崩れる」というのが正しいようです。

経験の少ない人が選別した池を見ると、1からさらに張っている尾の黒仔ばかりで、先行き泳げなくなったり尾が反り返ったりしそうな魚を残しています。3〜4を残せるようになるには少し年数がかかります。私はよく、「尾先が逃げ気味でも尾の肩に少しでも丸みがあれば、まずは残せ」と先輩方に教わりました。

▶ 尾開きの目安

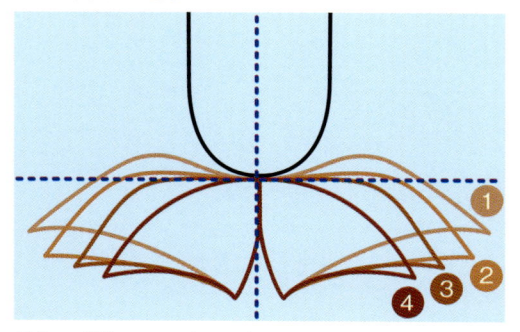

通常は、黒仔で1は張り過ぎなのでハネる。②、③がよい。

## Column
### サシ・ツマミはハネ魚

サシは尾芯が尾筒に割り込んでいるものです。以前は、尾付の鱗1枚半までサシていても〝割り込み〟としてよいとされていました。もともとサシはハネの対象ですが、昭和40年代頃だと思いますが、ある地域から「尾付の鱗1枚半までサシでもよい」という噂が広まり、それが規約までも変えてしまったのです。

そして昭和60年頃であったと思いますが、東京芝ゴルフ場会議室にて総本部審査員会議が開かれ、規約の見直しなどの話し合いがもたれ、サシ、ツマミ、いかり、雁首などあいまいにしてきた欠点について話し合われました。

サシは鱗1枚でも割り込んでいたらサシでハネ魚とする。ツマミは尾芯が板状のように見えるのはハネ魚とする。雁首は太く見えても欠点とし、背のラインは綺麗なものを評価するなど、いろいろと審査方法なども決められましたが、会則に載せず、審査員が申し送りすると決まりました。

▶ 背腰の傷

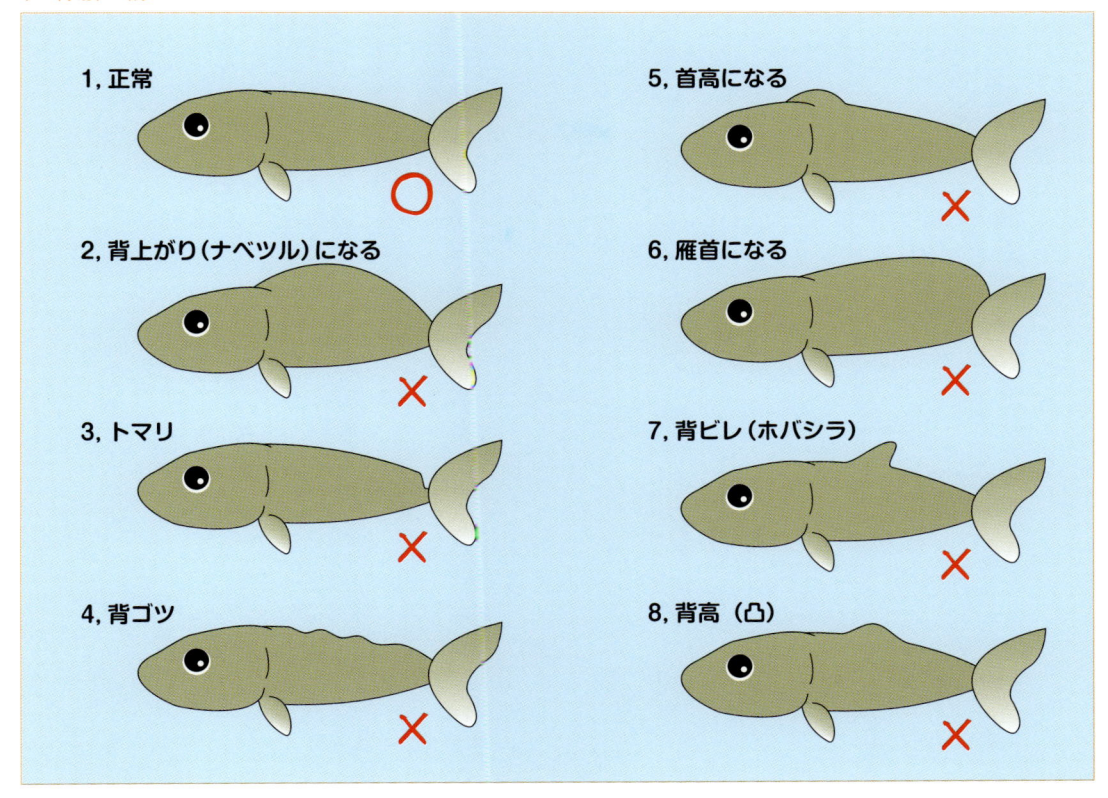

1, 正常 ○
2, 背上がり（ナベツル）になる ×
3, トマリ ×
4, 背ゴツ ×
5, 首高になる ×
6, 雁首になる ×
7, 背ビレ（ホバシラ） ×
8, 背高（凸） ×

## 黒仔大関

　何年か仔引きの経験を積んだ方が陥りやすい選別の失敗のひとつが、前がかりの尾形を意識し過ぎて、大きくせり出た尾の魚ばかりを残してしまうというものです。

　こうした魚は黒仔の時は大関のようによく見えるのですが、色変わりして大きくなると尾が張り過ぎたり、尾先を巻き込んだり、水切れが悪くバタバタした泳ぎをする尾形になってしまいます。

　なかには、水切れのせいでかえって後ろに尾が流れてしまい、会魚としてはとても評価の見込めないような魚も出てきます。

　らんちゅうは背腰、尾形は成長とともにでき上がっていくので、稚魚のうちから完成したような背腰、尾形を選ぶのではなく、先行きを見た選別をしましょう。稚魚の時に普通の尾でも、大きくなると泳ぎによって尾が前掛かりに変わります。

## 背腰の選別は平ら？

　背腰の選別もこの時期に始めます。背を選別する時は「たとえ小さなデコボコでも、成長とともにさらに目立つようになる」と思って、しっかりとハネましょう。背の基本的な選別基準は上図を参照してください。

　1はこの時期の背です。平らくらいがよく、大きくなるにつれ背が乗るようにできてきます。初めから親魚のような背なりだと秋には深くなり過ぎてしまいます。

　2～8は、成長するほどに目立つようになる傷です。5と6は、初心者にはハネるのが

▶ 背腰の先行き

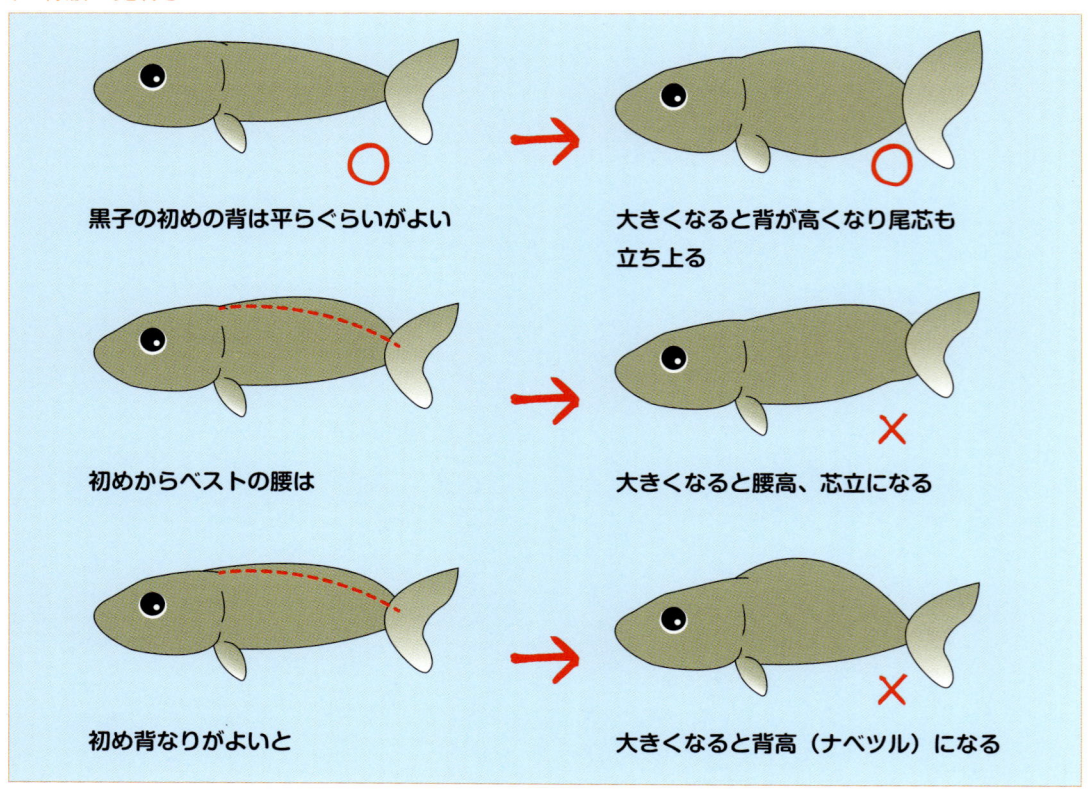

| | |
|---|---|
| 黒子の初めの背は平らぐらいがよい ○ | 大きくなると背が高くなり尾芯も立ち上る ○ |
| 初めからベストの腰は | 大きくなると腰高、芯立になる ✕ |
| 初め背なりがよいと | 大きくなると背高（ナベツル）になる ✕ |

　少し難しいかもしれませんが、黒仔の欠点は治らず、成長とともに大きくなると思ってください。

　無傷の背腰を選別し切ったらんちゅうであっても、秋に背腰に思わぬ欠点が見つかりがっかりすることもあります。

　特に、1のように背が首から腰までほぼ平らな魚がよいというのは少し理解しにくいかもしれませんが、稚魚の時から背なりのある魚は背高、首高、雁首のもとです。そのため、首から背は平らでよいと思ってください。成長するたびに背腰に肉が付くように丸みが出るのが分かるようになると、選別が早く、楽になります。

## 泳ぎを見よう

　らんちゅうは、和金などほかの金魚に比べ、その独特の体形から泳ぎは上手ではありません。ただ、優良魚というのはらんちゅうなりによい泳ぎをします。頭を上げ尾を擦って泳いだり、体をくねらせながら泳ぐのはよくありません。

　泳ぎに影響するのは尾だけではなく、背腰

### ヒント
### よりっ仔のコツ

　背腰を見て選別する時は、上見をせず、魚を横にして背腰だけの選別にして、背腰に欠点があれば徹底してハネます。ハネ切れずに上見で見直し、また池に戻してしまう人は、結局後で傷魚ばかりになります。

▶ 背腰の選別基準

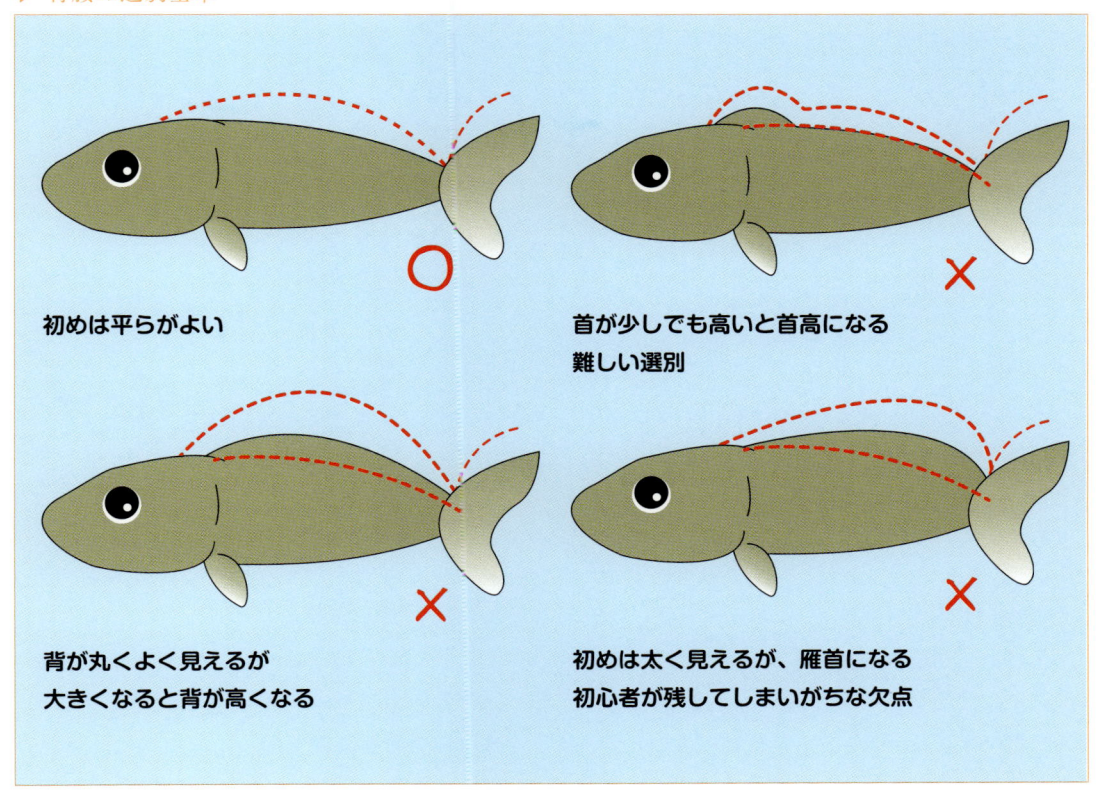

初めは平らがよい ○

首が少しでも高いと首高になる
難しい選別 ×

背が丸くよく見えるが
大きくなると背が高くなる ×

初めは太く見えるが、雁首になる
初心者が残してしまいがちな欠点 ×

や腹形、体の曲がりなどいろいろな部分が影響して泳ぎに"狂い"が出るので、選別では泳ぎの軽い、傷のない魚を選びます。

　小さな頃は、背腰は完璧に無傷の魚と思えるような、泳ぎのよい魚の選別をしましょう。大会の審査では、土俵ダライ（大きな洗面器）で泳ぎ上手な魚は好印象です。

## ハネた稚魚は処分する

　らんちゅうは一腹で数千個の卵を産みます。孵化した稚魚を全部育てるには、池がいくつあっても足りません。らんちゅうは遺伝的に未だ固定率が低く、らんちゅうといえないような魚も多く産まれるので、理想のらんちゅうを作るためには選別が必要なのです。

　そこで問題なのが選別によってハネた稚魚の行方です。別の池で育てるには池数に限界があり、仏心を出して川に放したりすることは自然界に病気を広める可能性もあるので、絶対に止めましょう。

　ハネた魚は可哀想ですが即、処分するようにしましょう。ハネた魚をいつまでも飼っている人は上手な愛好家にはいません。ハネ魚は捨て、よい魚を拡げて（1池あたりの尾数を減らして広々と）飼います。

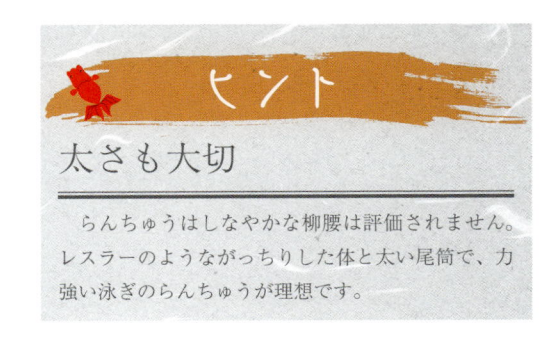

### ヒント
#### 太さも大切
らんちゅうはしなやかな柳腰は評価されません。レスラーのようながっちりした体と太い尾筒で、力強い泳ぎのらんちゅうが理想です。

# 孵化後6〜7週目

### 🐟 黒仔の管理

　呼び名も「黒仔」に変わり、らんちゅうらしくなってきます。腹もふっくら出て、頭も角になり、尾筒も太くなり始め、小さいながらもらんちゅうのよさを見せてきます。

　餌もミジンコやブラインシュリンプからアカムシに変えていきます。アカムシには活餌と冷凍餌がありますが、どちらでも大差はありません。アカムシを食べるようになると黒仔もさらにしっかりと体ができてきます。

　餌はアカムシのほかに、栄養価の高い粒餌（人工飼料）も与えます。近年、らんちゅうの餌が多く市販されるようになり、粒の大きさも稚魚用のSSから黒仔用のSサイズ、色揚げ用、当歳用、親用など、高タンパク低脂肪のらんちゅう用の餌があり、与え過ぎに注意すれば、昔では考えられないほどのよい粒餌が揃っています。

　この頃からは大きめの50〜60cmの洗面器を使い、泳がせながら選別します。これまでの厳しい選別で残った魚は、泳ぐ姿で選別し

選別は、大きめの洗面器で泳がせながら見る。

ます。大きな洗面器で泳がせ、尾の付け違い、体の曲がり、エラ下などを上見でハネます。特に、洗面器の底を擦って泳ぐのは駄目なのでハネます。背腰は、前回厳しい選別ができていれば、しばらくは上見だけの選別にします。横からの背腰の選別は毎回ではなく、一回り大きくなるたび行うようにしましょう。

　黒仔の時期、大きい洗面器で選別し終えると、魚がよく見え、どうしても眺める時間が長くなりがちですが、よりっ仔が終わったら早めに池に戻しましょう。

　ただし、それまでに甘い選別をしてきて背

孵化後40日の黒仔。らんちゅうらしい体形に。

### 💡 ヒント
### よりっ仔のコツ

大きな洗面器で選別をするのは、泳ぐ姿の尾形がよいかどうかを見極めるためです。毎年1池で作り上げられる尾数を決め、徹底した選別でその数にまで厳選します。さらに崩れた魚を減らしながら8月までに1池10尾以下にして作り上げます。

頭も角になり、らんちゅうらしくなってくる。

の傷が目立つ魚、背が高く腰が深くなり泳げない魚、ツマミやサシの魚をまだハネずに残しているような無駄な飼育では、せっかくのよい魚まで育ち不足になり、結果として作り切れないことになります。ベテランと初心者は、この時期に差が大きくなります。

コンスタントに優良魚を作っている方は、孵化後6〜10週の大きさになると、毎年1池で育てる尾数を決め、徹底した選別で魚っぷりのよい無傷の魚をその尾数まで揃えて飼育します。

## 黒仔の頭の出方

黒仔も頭が角になり始め、肉瘤が乗り始めます。長い改良の歴史の中で、頭の出方も奥手と早生（ワセ）に分かれたようです。

早生系は、黒仔の時から頭がアヒルのくちばしのように前に長く出て、見た目が非常によいです。逆に奥手の頭は、目幅はあるのですが目先はそこまで長くは出ず、早生のような派手な頭に見劣りしてしまい、研究会の頃はどうしても早生系が人気となります。

ただし8〜9月の仕上げの時期になると、どちらも同じような頭になるようです。また頭の出方も水質や飼育水でも違いが出ます。

よく「新水（サラ水）だけの水換えは頭が出る。新水の刺激で魚は大きくなる」という説をもとに1年中サラ水で水換えをしている方を見受けますが、水質の違いでショックを受け片エラ病などに罹りやすく、初心者にはあまりおすすめできません。肉瘤の発達は、遺伝と水作りによるといわれています。

近年、頭の形は水質で違いが出るといわれますが、水質ばかりは住んでいる地域の問題でどうすることもできません。1年を通して良質の水作りをすることでカバーしましょう。

# 初心者のための選別方法

## 孵化後2週目以降

ベテランの初ヨリ（1回目の選別）の時、つまり孵化後2〜3週目は、初心者は選別せずに稚魚を1池から2池に拡げます。その後欠点が見やすくなってから初ヨリをしましょう。

## 3週目以降

初心者は、稚魚2面に拡げて魚が一回り大きくなり尾も開き見やすくなったら、1回目の選別を行います。

水換えは、新水に古水（飼育水）を40％以上割水した池に浮かし箱を使い、そこに稚魚を入れ、小さな白い洗面器にその稚魚を少しずつすくい選別します（浮かし箱は簡単に作れます。40〜60cm四方で高さが15cmの木枠に防虫ネットを張るだけです）。

初めての選別（よりっ仔）では、体の曲がり、腰曲がりなど、見て分かる範囲は全てハネます。初めは分かりにくいかもしれませんが、大きく曲がった魚を見つけてハネているうちに、少しの曲がりも見えるようになるので、気づいたものは全てハネましょう。

腰曲がりで分かりにくいのが、「エビ曲がり」です。頭を下げて逆さになってしまう稚魚は腰が曲がっているためなので、捨てます。

初心者ほど尾にこだわりますが、初選別の時は、尾はフナ尾や広がりのない尾だけハネるようにしましょう。体は真っ直ぐでスムー

尾の広がりがよく見えるようになってから選別。

選別用に白の洗面器と小サデを用意。

選別は時間がかかるので、浮かし箱を作るとよい。

▶ 大まかな体の曲がり

大曲がり

曲がり、ひねり

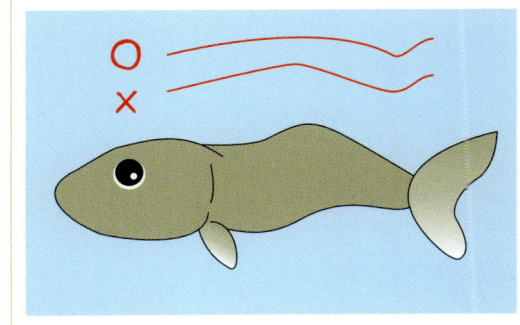

背腰の大曲がり

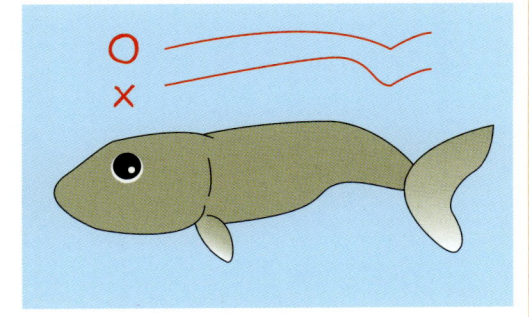

腰のエビ曲がり（逆さになる稚魚）

ズに泳ぐ魚がよく、体に少しでも曲がり、ひねりの見えるものはハネます。

　選別は、回数をこなすほど欠点が見えるようになり、年数を重ねるほど早くできるようになります。初めは時間がかかっても、体は真っ直ぐで、尾は左右の開きが同じ、そして泳ぎが真っ直ぐスムーズな稚魚を残すことを心掛けましょう。

　選別とは、傷のある稚魚をハネてよい魚を残すというものです。その逆の、よく見える魚だけをすくって残すという方法は、成長に伴う魚の変化が大きいため見極めるのは困難なので無理といえるでしょう。時間がかかっても傷魚を捨て良魚を残す選別をしましょう。

## 4週目（初心者の2回目の選別）

　この時期が、選別の技術に差が出る時です。尾型は張りを意識せず、左右同じ丸みの広が

りがあれば残します。そして、初心者のうちに覚えてほしいことが、ツマミとサシを捨てるということです。

　サシは、尾芯が尾筒まで刺さっている状態を指します。またツマミとは、大きくなると尾芯が板状になることです。三つ尾、さくら尾、四つ尾とも、ツマミとサシは大会では審査外とされます。

　ベテランのなかには、四つ尾にはツマミは

このサイズになるまでに、背腰は無傷に選別する。それでも後から傷が出てくる。

▶ ツマミ、サシとは

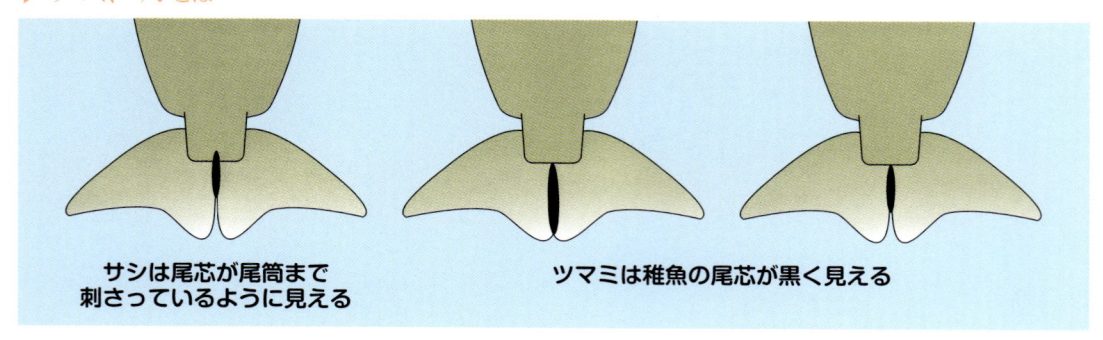

サシは尾芯が尾筒まで刺さっているように見える

ツマミは稚魚の尾芯が黒く見える

初心者で一番分かりにくいものがサシである。

ないという方もいますがツマミはツマミなのでハネましょう。

　2回目の選別では、このほかに1回目で選り切れなかった曲がりの魚をハネましょう。

## 🔵 4〜5週目（初心者の3回目の選別）

　池を覗くと、それが初心者のものなのかどうかすぐに分かります。「上手に泳げない魚が泳げるようになるかも」「傷魚がよくなるか

▶ 背腰の傷

ゴツ（デッパリ）

ヒサシ（ヘゴシ）

背ダレ・ヘコミ

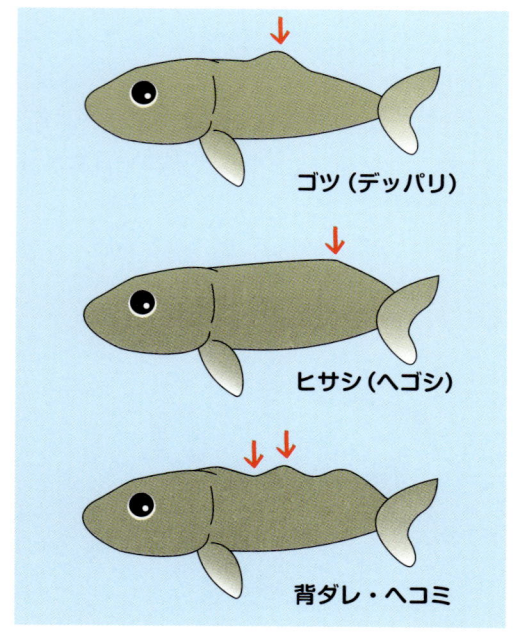

魚を横にして、背腰に少しでも傷が見えたら早めにハネること。

も」とハネられないで残してしまい、池1面あたりの尾数が多いのが初心者の池です。21ページの「当歳魚の月別尾数」を目標に選別しましょう。

　尾が張り過ぎて泳げない魚、背腰に小さなデコボコがある魚などは、初心者は捨て切れずに残してしまいがちです。

　しかし、この時期の小さな傷やデコボコは、秋に魚が10cm以上に大きく育った時に同じように大きく目立つようになるので、尾形、背の選別の図解を参考に、思い切って無傷の魚だけを残すようにしましょう。

## 🔵 10〜15週目（初心者の4〜5回目の選別）

　この時期に、無傷に思えていた魚の背腰に傷が出てきたりします。これは、魚体が小さかった時には傷も小さかったため無傷に見えていたものが、魚のサイズが大きくなるにつれ傷も目立つようになるためです。

　初めに甘い選別をしてしまうと、この時期に傷魚ばかりでよい魚がいなくなってしまうので、初めが肝心といえます。

　この頃には、らんちゅうらしく頭は角になり出てきます。選別は、大きな洗面器で泳いだ姿を見ながら尾形を見ていきましょう。

# 第5章

## 飼育暦
## 色変わり〜完成

# 孵化後 7〜10 週目

## 7〜10週目

　頭の形もでき始め、体はらんちゅうらしく太くなり、尾形も選別の成果で揃ってきて、そろそろ色変わりが始まります。なかには少しおませな仔もいて、色変わりをしている魚もいます。この時期に背腰の選別をします。色変わりが始まる前に背腰を厳選しましょう。

　一回り小さい時は綺麗な背腰だったものでも、首高、背のデコボコ、ヘ腰、大シャクレなどが出てきます。特に首高は今回の選別でハネます。らんちゅうの系統を作られた尾島氏（尾島系）、鈴木氏（尾島系）、宇野氏（宇野系）の皆さんは、首高を徹底して「背骨の変形、退化」といわれ、しっかりハネるように教えていました。

　色変わりの前までに、背傷の魚は残っていないといえるくらいの選別をしましょう。それでも色変わりが終わり魚ができ上がる頃には、無傷に見えたらんちゅうに小さな傷が見つかることがあります。これは、それまで見えなかった小さな傷が魚が大きく育ったことで目立つようになったものですが、この頃には小さな傷はもう我慢できないというくらいの大きさになっています。

　色変わり前に無傷といえるほど背腰の選別を徹底しても、小さな傷が見えてくるものです。選別しても首高、背高、腰高が多い場合は、初めに「背腰の選別は平ら」の選別をせず、親魚のような背のラインを残してしまった結果だと思います。背に肉が乗るようになり、首高、背高、腰高になり、泳ぎに影響が出てきます。

　背腰の選別は、首から背は平らで少し丸みのある腰のラインが理想です。近年、背腰の小さな傷も背骨の変形といわれているので、色変わり前には傷がないように厳選しましょう。

　水温が上がり始め、日差しも強くなり日除けが必要になる時期です。ヨシズや寒冷紗などで水温調整をする必要が出てきます。魚は30℃を超えても生きていますが、色変わりの頃は日除けをしっかりして水温を抑えましょう。

## 色変わり

　孵化後60日あたりで黒仔から褪色、色変わりが始まります。らんちゅうには一番大変な時期といえます。体力が落ちたり、体の機能が弱まり、小さな変化でも病気に罹りやすくなっており、梅雨の時期とも重なるので、らんちゅう飼育の最初の一山です。色変わりが終わるまで選別はせず、餌も少なめにしてよく泳がし、日除けをして色が変わるのを待ち

孵化後70日目のらんちゅう。

▶ 色変わりは期待と落胆の時

色変わり途中。虎ハゲの体はまだ幼さがある。

色が変わり大人の体に変化。

ます。水換えも多めの割水をすると安全です。

ただ、悪いことばかりではなく、色変わりが終わると一時は体が小さく見えますが、色が落ち着くと色変わりで使った体力を取り戻すような勢いで食欲が増し、大きく成長します。

### 水換えのミスで病気の多い時期

色変わりは褪色現象といわれるもので、黒から赤に色が変わっていきます。これはらんちゅうの体に負担が掛かるといわれるので、色変わりが始まったらヨシズなどで日除けをして、終わるまでは水換えだけ行い、選別などしないようにしましょう。

色変わりの時期、エラ病に罹ってしまったという話をよく聞きます。この時期は気温が上がり、水換えのミスにより発症することが多いようです。水ができ過ぎた時、水換えの時に割水が少な過ぎたり、一気にサラ水に換えたりすることで、魚が水質の変化に耐えられずにエラ病に罹ってしまうと考えられます。

対策として、水換えの割水の割合を変えずに、水換えの日を1日早くして青水を薄めていくとよいと思います。5日目に水換えをしていたら4日目に、4日目の水換えは3日目に行うようにしましょう。青水が薄くなったら、元の水換えのペースに戻しながら割水も減らしていきます。一度に薄めるのでなく、徐々に慣ら

していきます。色変わりの時のエラ病は、体形が崩れて元の姿に戻らなくなることもあるので、水換えのミスはないように注意しましょう。

片方のエラを止めて泳がず、池の隅に寄り固まるようでしたら、水あたりによるエラ病が考えられます。このような症状が見られたら、0.5〜0.7％（100リットルあたり500〜700g）の塩水浴をさせます。併せて、細菌性の病気に効果のある市販の魚病薬（グリーンF、トロピカルゴールド、エルバージュ）などを規定量入れるとさらに効果があります。

給餌は、魚が泳いで池の縁を突いて餌を探すようになるまで控えましょう。2日目には水換えをします。割水を増やし、同じ量の塩水薬浴を治るまで続けます。水温も30℃に上げるとさらに効果が期待できます。

エラ病は、早期発見が治療のコツです。いろいろと強い薬を使い過ぎて薬害で全滅させる人が意外と多いようですが、ウィルス性の病気以外は、塩、市販薬、水温で完治します。片エラ病は治るまでに1週間はかかると思ってください。

黒仔の鱗が白い膜のようになっていたり、少し赤く血走っているのは水カビ病で、梅雨時に水が傷んでいると罹りやすく、水換えの時、市販のマラカイトグリーン溶液、グリーンFなどを入れると治ります。黒仔が小さい時は規定量より少なめに投薬しましょう。

飼育暦 色変わり〜完成

# 孵化後10〜15週目

## 🐟 色と体形の変化

　色変わりも大体終わり素赤、更紗、白勝ち更紗など色・模様が分かるようになり、さらにこれからの水作りで色が乗るといわれ、深みのある赤が増してきます。体形も色が決まると完成に近くなるので、選別はなるべく大きな洗面器で泳がせながらしましょう。

　色が変わると、黒仔の時は太かった魚が細い魚になってしまったり、逆に細かった魚が太くなったりと意外な変化をすることもあり、尾形も大きく変化します。選別は品評会の基準で行い、頭の型、背腰、太み、尾形、そして泳ぎを見てしっかりと選り分けます。そして8月までに1池10尾程度にします。

　先が内側、外側に折れ曲った尾を「メクレ」と呼び、そうした魚はハネる対象となります。また魚が小さい時には見え難かった尾の欠点が、大きくなって目立つようになった傷魚もハネます。

　また、それまで厳選してきたものの上見

黒仔の時に小さかった腰傷も、成長すると目立つようになる。

は分かり難かったような小さな傷は、親魚になれば直るものもあり、種魚にもできます。ただし首高、腰折れの「ごつごつ」で段になっている魚は、背の骨の変形によるもので遺伝的に種魚には不向きといわれています。種親候補は、なるべく背に傷のない魚を選びましょう。

　黒仔の時は尾形がよく将来を楽しみにしていた魚でも、尾幅のないひ弱な細い魚になったり、逆に色変わり前は線の細い地味な黒仔が、太く、尾構えもしっかりとし、見違える

美しい背なりと角度。

内メクレ。

▶ 同一魚の色変わりの様子

孵化後約50日。色変わりが始まる前には黒色が濃くなる。

色変わりの途中、黒と赤が斑になったらんちゅうを〝虎〟と呼ぶ。孵化後約80日。

孵化後約120日の魚。色が揚がってきている。

孵化から150日ほどでサイズも色もでき上がる。

ほどよくなる場合など、色変わり前後では魚が大きく変化します。

※色変わりの終わりは、尾形が決まる時でもあります。選別は大洗面器で泳がせて行います。色変わりの前と後とでは、太みや尾形、雰囲気などが大きく変わります。

### 傷もよさも見えてくる

　色変りはらんちゅうにとって一大変化の時です。はっきりと色が濃く上がることを「色が乗る」といいますが、色が乗るのとともに頭の肉乗り、鱗の艶、尾皿や尾の厚みなどがさらに増して、魚ができ上がってきます。大洗面器で泳がして最終選別くらいのつもりで1池10尾前後に選り分けます。

　孵化後100日くらいになると尾形も決まり、しっかりと選別したよい尾であれば崩れることも少なくなります。少々尾張りが強く泳ぎが重い魚も、魚体が大きくなることで尾先を下ろし、軽く泳ぐようになる魚もいます。逆に尾皿が小さく、魚体ができると尾幅の張りがもたなくて「絞る」魚も出てきます。

※完璧によい背腰を選別したつもりでも、小さな時には見えなかった傷が出てきてがっかりするのはこの時期です。ただ、らんちゅうのよさが出てくるのもこの時期なのです。

　種魚候補もこの時期に選びますが、首から背、腰の線の凸凹などは背骨の変形のせいといわれ、やはり遺伝的なものなので、種魚は背のラインの綺麗な肌理の細かい鱗並びのよいらんちゅうを選びたいものです。

# 孵化後 15〜22週目

### 👁 当歳魚の完成の時期

　産卵〜孵化〜選別と、らんちゅう飼育も春から100日ほどが経過します。らんちゅうの完成の日数（44頁のヒント）を再確認しましょう。順調に育てば、孵化後60日で色変わりを始め、120日で色と形が決まり、150日で当歳魚が完成し、大きさも鶏卵大になります。

　120〜150日の魚は色が乗り、頭が上がり、華奢な黒仔から太く力強く変化し、尾形もでき上がります。この1ヵ月のらんちゅうのでき上がりは、飼育技術だけでなく魚のもっている素質や血筋に左右されます。

　よい血筋の魚は、頭（肉瘤）の上がり方もただゴツゴツ上がるわけではなく形よく上がり、尾形の振り込みも体ができることでよくなります。いずれにせよ、秋の涼風とともにらんちゅうの当歳魚はでき上ってきます。

　各池10数尾にしてからは「人の飼育」による魚の作りは終わり、秋の涼風が吹くまで、割水などによる適切な水作りが大切になりま

秋の涼風とよい青水で頭がさらに上がる。

す。後はらんちゅうのもっている両親の血筋、遺伝に委ねられます。特に頭、太みは血筋などの影響があるようですが、良質の青水と秋の日差しが「色揚がり」「頭の上がり」をよくします。

　秋の涼風とともにオスは胸ビレに追星を見せ、オスらしく締まった体になり、朝には追尾したりします。メスは体の幅もふっくらとしてきます。雌雄ともに色もさらに乗り、美しさが増せば、当歳らんちゅうの完成です。

※良質の青水とはドロドロとした青水と違い、澄んだ（？）メロン色のような青水です。秋の強い日差しと青水で「焼く」というのですが、背中などのキラキラと光る鱗にとろりと色が乗り、光るのが抑えられてきます。最近はよい色揚げ用の餌があるので、さらに色の揚がりに効果があります。

### 👁 青水を作る ［種水］

頭、太みは血筋の影響が大きく、後は水作り。

　秋、日当たりが悪いなどの理由で青水がう

▶ らんちゅうの1年は水作り

冬〜初春の青水。

春から初夏にかけて。水換え当日の水の色合い。

夏は割水は少なめだが、魚を入れる前に池の水をよく混ぜて練るとよい。

秋。涼風とともに青水飼育。

まく作れない場合は、種水を作ります。以前は1池を空けて作りましたが、50〜60cm水槽やプラスチックの衣装ケースなどで十分に作れます。

作り方はまず、日当たりの悪い場所に置いた水槽に水を張り、種となる青水（ない時は古水）を少し入れ、観葉植物用の液体肥料（ハイポネックスなど）を10mlほど入れ、エアレーションをして5日ほど置きます。

その後、液体肥料を同量足し、メチレンブルーかグリーンFをうっすら色付くほど入れて殺菌し、さらに4〜5日ほど置くと青水ができてきます。一度濃い青水ができ上がってしまえば、割水に使用しても種水を少し残しておくことで同じように作り続けることができます。日当たりが悪い場所に池のある方は、8月後半からの種水作りをおすすめします。

## ヒント
### らんちゅう作りと青水

　昔から、名人といわれた方や専門業者は、8月終わりから9月までの2〜3週間で「これが同じらんちゅうなのか」と見違えるほどの魚に作り上げていました。どなたも「青水が濃過ぎて尾が溶けるのでは」と心配になるほどの青水の使い方でした。

青水の種水はケースで簡単に作れる。

# 8〜9月

## ◉ 品評会へ仕上げの作り

　8月の終わりから9月に入ると、飼い込みの時期になります。昼夜の水温の差が大きくなるこの時期、日中の日差しは強く、良質の青水ができ、秋の日差しと青水の中、らんちゅうを仕上げる「作りの時」です。

　順調に飼育できていれば9月には鶏卵大に近くなるので、餌は少なめにして泳がせます。オスは胸ビレに追星が出始め、オスらしく体も締まり力強い泳ぎを見せます。メスは体がふっくらとしてきます。

　9月前半は残暑もあり、日中は温度も上がり夕方は秋風が吹き始めます。らんちゅうは餌の食いがよく過食により体形が崩れることもあるので、やや少なめの餌で良質な青水で泳がし、飼い込みます。

　色が決まり、頭（肉瘤）もさらに上がり、色艶がよくなると見違えるようになります。泳ぐことで、尾形も振り込みもよくなります。また、弱めであった尾が張ってくる場合もあります。

　この時期からは、会用魚と種用魚に分けて飼います。会用魚は勝負魚として、できれば数池に分けて育てるとよいでしょう。品評会用と決めたらんちゅうは150×150cm以上の

色変わり後の仕上がりは、魚のもっている素質により大きな違いが出る。

▶ 色変わり〜仕上げ

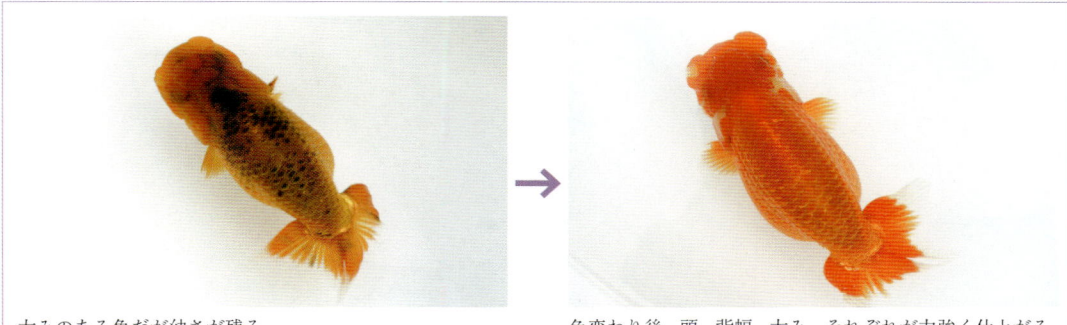

太みのある魚だが幼さが残る。　　　　　　　　　　色変わり後、頭、背幅、太み、それぞれが力強く仕上がる。

池で5〜8尾でゆったりと飼い込みます。8月半ばから9月までは「池」で作れといわれるほどです。

　この時期の30日間は日差しが強いので、水のでき過ぎに注意しながら良質の青水で仕上げます。ゆったりとした飼育により魚の幅が増し、頭（肉瘤）が上がり、色艶も増し当歳魚ながら貫録を見せるほどでき上がってきます。また、成長とともに目立ってきた小さな傷や少々の欠点などを補うほどの成長をします。

　3〜9月の間に産卵、選別、仕上げを経て、当歳らんちゅうは孵化後150〜200日に完成となります。

※9〜10月は、昼夜の気温差が大きくなるので水換えのミスから秋エラ病に罹らないように割水を増やしながら、水換えをしましょう。前回よりバケツ1〜2杯増やして水換えします。澄んでいるメロン色が、冬に向かって魚にとって一番の青水です。

◉ 会魚か種魚か

　秋の彼岸が過ぎると夜間は気温が下がり、水換えは割水を増やして行うようにします。魚は仕上がり、完成間近です。仕上げの段階では、飼育者の技術だけでは作りきれない部分も出てきます。そこには、親からの血筋による遺伝が大きく影響します。優秀な品評会用のらんちゅうになるか、平凡な金魚になるか、特に鱗並びや魚の体形などが作られるのは、最後には人の手より遺伝の力が大きくなります。

　雄雌の掛け合わせによりさらに質のよい体形を引き継いだらんちゅうが産まれた時は、ベテランは会魚より先に種魚を選び出すほど、質のよい種魚を大事にします。

　種魚と決めた魚は、脂肪が付かないように粒餌を少なくし、なるべくアカムシ（冷凍可）などの活餌にします。さらに1池での飼育尾数を多めにし、泳がし飼いにします。大きくすることよりも、小さくても締まった魚にして何年も種魚に使えるように育てるのが理想です。特によいオスは小さく何年も使えるように作ります。メスは脂肪を付けず、痩せているくらいが卵もちがよくなります。

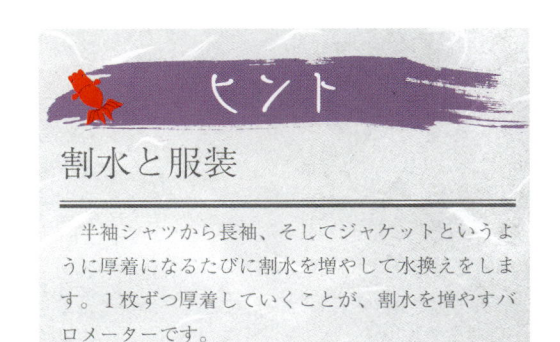

### ヒント
#### 割水と服装

半袖シャツから長袖、そしてジャケットというように厚着になるたびに割水を増やして水換えをします。1枚ずつ厚着していくことが、割水を増やすバロメーターです。

# 9〜10月

## 品評会の季節

9月から11月3日の全国大会まで、らんちゅうの品評会が全国各地で開催されています。北は北海道から南は九州までらんちゅうの同好会があり、なかには100年を超える会も数会あります。100年を超える歴史をもつ趣味の品評会は、ほかの趣味には例が少ないようです。それほどらんちゅうは大人の趣味として、深い魅力のある遊びなのです。

品評会は、会員が前日から審査場作りや陳列用の洗面器並べなどの準備をします。ベテラン、新人、年齢などに関係なく、皆で楽しみながらの設営です。

大会当日は、会員が1年間丹精して飼育した当歳魚、二歳魚、親魚を持ち寄り、競い合います。経験豊富な審査員が、各部門のらんちゅうの優劣を決めていきます。順位は、らんちゅう会独特の相撲番付で付けられます。予選で選び分けられた魚が大洗面器や土俵ダライと呼ばれる直径1mを超える大きなタライに移され、審査されます。

秋の品評大会の様子。

審査員が厳しい審査で優等魚を選出。

優等賞は大関東・西、立行司、取締一・二の5尾、一等賞は関脇東・西、小結東・西、勧進元一・二の6尾、二等賞は行司一・二・三、脇行司一・二の5尾。これらが役魚と呼ばれる上位入賞魚の番付です。

その下に幕内の三等賞の前頭が東西数十尾ずつ選出され、陳列されます。表賞の前に番付表が配られます。また1年間の行事を載せた会報が作られ、春の弐歳会か秋の大会に配布されます。自分で育てたらんちゅうが入賞したら、その喜びは格別なものがあります。

またらんちゅうは、1年（当歳）だけでなく2年、3年と作り上げて完成させていくという、非常に奥深い楽しみがあります。

以上が、産卵から大会までの飼育です。春から秋までのらんちゅう作りでしたが、基本は1に水作り、2に水作り、3に水作り、そして選別と給餌。どんな銘魚が種魚でも、どんなによい魚を購入しても、水作りと水換えが駄目なら結果は残せません。水作りとは、

秋の品評会は1年間の飼育努力の発表の場。

割水をして魚に刺激の少ないベストな水を作り出すことです。

割水に関しては先述しましたが、それらはあくまで参考程度に考え、各自が池の環境に合わせた割水をすることが大切です。

## らんちゅう会は年齢不問

らんちゅうが好きで、ひとりで楽しんで飼っている方も大勢いると思います。しかし、さらに楽しい趣味にするには、全国各地にあるらんちゅう愛好会に入会することをおすすめします。多くの愛好家が集まるので魚を見る目も養われ、飼育方法なども独学よりも充実したものになり、多くの刺激を受けてすぐに楽しくなると思います。

私の所属している会でも70歳近くの方が入会しましたが、すぐに皆と打ち解けて、大会で初入賞した時はとてもよい笑顔を見せてくれました。そして年々よい魚を出陳され、とても楽しんでおられます。

らんちゅう愛好会も数十人の会から数百人の会までありますが、なるべく近くのらんちゅう会に入会することをおすすめします。研究会や品評会に参加するにも距離的な負担が少なくて済みますし、会員同士のコミュニケーションも取りやすいので、らんちゅう飼育が上達する近道といえるでしょう。

親、二歳、当歳の溜め池。ここから土俵ダライへ。

# 11〜12月

## 越冬準備

　11月3日の全国大会が終了すると、らんちゅう飼育も一段落です。大会に出陳した魚の病気に対しての養生は、3〜7日は給餌せずに、魚の様子を見てよく泳ぎ調子がよいようでしたら少しずつ餌を与えます。

　泳ぎが止まり、池の隅などに寄り、いつもと様子が違うと思えたら0.5〜0.7％の塩水浴と市販の細菌感染症用の魚病薬で薬浴し、1週間は餌を控えて養生させます。

※秋のエラ病は、しっかり治さないと春の産卵時期の水温が上がる頃に春エラ病として再発して、明け二歳だけでなく親魚まで感染して死なすことになり、産卵もできないということにもなります。秋のエラ病は完治するまで隔離して飼育するとよいでしょう。

## 冬眠の準備

　11月中旬までには次の年に向けて当歳魚の

しっかりと給餌して冬眠に備える。

最低温度を5℃くらいから設定できるサーモスタットを利用すると安心。

会用・種用を整理して残し、近付いてきた越冬に備えて良質の青水で飼育をして、給餌で体力をつけます。越冬前の給餌は、なるべくアカムシ（冷凍も可）などの生餌のほうが良質な青水になります。特に種親候補にはアカムシのほうが脂肪がつかずよいようです。種魚は痩ているほうが卵もちがよく、専門業者は種魚は太らせずに大事に飼育します。

　11月半ばを過ぎると当歳魚もオス、メスの特徴がはっきりと出てきます。オスは胸ビレに追星が出て、朝は追尾の真似事などをして、体は締まりオスらしくなります。

　秋にしっかりと追星の出た個体は翌春も早く出るので、種用候補のオスを選ぶ際には秋の追星が大事といえます。メスは体もふっくらとして餌の食いもよく、寒さに向かって体力をつけているかのようです。

　11月後半になると、日中は天気がよい日は水温も少しは上がりますが、夜は10℃程度に下がります。そろそろ冬ごもりの保温用の冬囲いを作る時期となりますが、池に氷が張ら

越冬の時の青水は、魚にとって一番よい水である。

ない程度に作れば十分です。

冬囲いは、雪の多い厳寒の地方と暖かい地方とでは囲い方も違ってきます。東京近郊では近年、温暖化のためか昔と比べて暖かくなっており、冬囲いをすることなく波板の蓋などをする程度で間に合います。1～2月の強い寒波の時でも波板を2重にする程度で池も氷らず越冬できるほどです。

※保温用ヒーターのサーモスタットは最低温度が5℃から設定できるものがあるので、厳冬の時はこうしたヒーターを使用すると凍らせずに済み安心です。

### 冬ごもり（越冬）は青水で

地域によって越冬のための最後の水換えを行う日がかなり違うようですが、たいていは12月になると最後の水換えをします。それまでに、飼育水は濃いめの青水になっているように水作りしておきましょう。

でき上がった青水と新水が半分ずつになるように水換えします。水換えが終わったら、風雨除けにしっかりと蓋をして冬ごもりに入ります。

卵を早採りするために11月から餌を切る方もいますが、早採りの労力を考えると12月から越冬して、2月に入って起こし、3～4月に産卵というスケジュールがよいと思います。餌を切るのは寒い地域も暖かい地域も12月からで十分です。

※冬眠前の最後の水換え後、初めのうちは週に1回は水質の確認をします。青水が飛んで（薄くなって）いなければ安心です。青水はpHが高く、弱アルカリ性を保ち酸化が抑えられるので、越冬には一番よい飼育水といえます。糞濾し網で掃除してから蓋をして、越冬を続けます。

# 1月

## 冬ごもり

　私の新年最初の仕事は、元日に越冬中のらんちゅう池の様子を見ることです。日が高くなる昼に蓋を開け、青水がよくできているかを確認し、12月から餌を切り1ヵ月間経ったらんちゅうの様子を見ます。

　飼育水が減っていたら、飼育水よりも水温が少し高めの新水を少しずつ、らんちゅうに刺激を与えないように足します。

　青水の中でゆっくりと泳ぐ元気ならんちゅうを確認して、風雨や雪などに備え、青水が消えない程度に明かりが入るように透明な波板やビニールシートでしっかりと蓋をして、あと1ヵ月ほど冬眠させます。

　これで、らんちゅう飼育の1年が終了です。

※池に氷が張った時は、慌てて氷を割らないように注意してください。氷を割ると水が動いて水温が下がり、また割った衝撃で魚の体や尾が血走ることがあります。氷の下は見た目以上に水温が安定しています。

### ヒント
**冬眠のポイント**

越冬中の青水は魚の布団。らんちゅうのひと言「静かに眠らせて」。

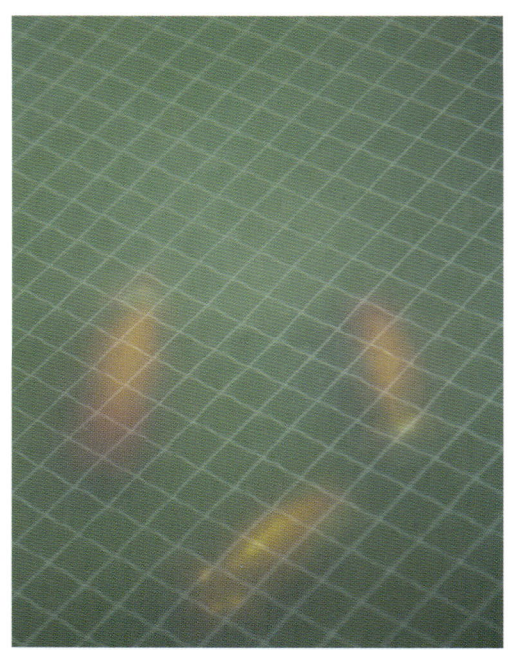

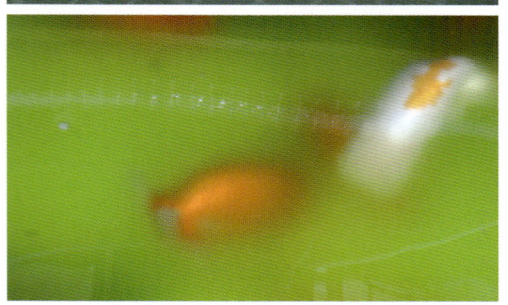

東京都や神奈川県は冬囲いも波板の蓋程度でよいが、寒冷地は厳重に。

濃い青水の中でゆっくり寝かせてあげることが重要。

# 第6章

## らんちゅう用語集&
## 傷(欠点)一覧

# らんちゅう用語集

▶系統
長年交配されて作られてきたらんちゅう。石川宗家系、尾島系、宇野系がある。

▶系統筋
系統の血筋が入ったらんちゅう（いわゆるミックス）。

▶地域筋
地域の魚を筋を付けて話すこと。浜松の筋、岡山筋、東京筋、神奈川筋など地域の魚を指す。

▶針っ仔・針仔
孵化後間もない、まだ針のような稚魚。

▶シャモジが付く
孵化後7日目くらいで稚魚の尾がシャモジのような形に開いた様子。

▶とびっ仔・とび
稚魚の中で飛び抜けて早く大きくなる仔。

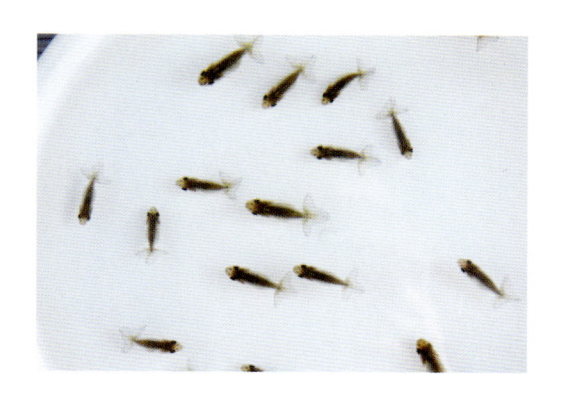

▶黒仔
稚魚は大きくなる過程で針っ仔（針仔）、稚魚、青仔、黒仔と呼び名が変わる。

▶虎ハゲ・トラッパゲ
黒仔から色変わりの過程で虎柄のようになる。

▶当歳魚
孵化後1年以内の魚。品評会では一番人気のある花形。

▶二歳魚・弐歳魚
孵化後2年目の魚。二歳魚は冬越し後に開かれる春の二歳会と、秋の大会の二歳の部の2回、大会に参加できる。

▶三歳魚・参歳魚、親魚
孵化後3年以上のらんちゅうは親魚になる。3年目の魚を明け三歳と呼ぶ。

▶サビ
年を重ねた魚の鱗が錆色になること。近年色上げの人工飼料のお陰か見る機会は少ない。

▶丸手、中寸、長手
らんちゅうの体形。小判にたとえて丸手は丸小判、中寸は小判型、長手は長小判型という。

▶頭（かしら）
「肉瘤」、「面（つら）」など頭部のこと。

▶吻端（ふんたん）・吻先（ふんさき）
鼻先に突き出た肉瘤。

▶味魚(あじうお)・味物(あじもの)
肌理（きめ）の細かい鱗並びのよい魚。質の高い玄人好みの垢抜けた小粋な魚。

▶江戸前
裾捌きがよく垢抜けした味魚。

▶龍頭、おかめ頭、ときん頭
頭（肉瘤）の形。現在はほとんどが龍頭。宇野系にはときん頭に出た頭の魚を見ることがある。

▶会魚（かいうお・かいざかな）
品評会に出陳するようなよい魚。

▶会もの（かいもの）
当歳の時には無傷の魚であるのに目立たない、少し魅力に欠ける魚だが、親魚まで作り上げると出世しそうな魚。

▶種魚（たねうお）
会魚とは別に、仔引き用として残した親魚。

▶出来（でき）
時期ごとのらんちゅうの仕上がり具合。うまく仕上がってきたらんちゅうを「よくできている魚」という。逆は「この魚は出来不足」といったりする。

▶三つ尾、桜尾、四つ尾
らんちゅうの尾芯の合わさり具合の種類。

▶尾皿
尾付けの下の鱗で、尾張りを保つのに重要な鱗。

▶上皿・ツケ皿
尾の上付けの最後の一列に並ぶ鱗。尾張りに関係する上皿は、その鱗があまり大きく目立つと品に欠けるといわれる。

▶尾張り（おばり）
尾が腹幅以上ある尾の付き方。

▶前掛かり（まえがかり）
尾の付き方。尾付けより尾の肩が前に出ているようで、泳ぐ時に腹を尾肩で叩くような尾。

▶振り込み
魚体の幅以上の尾幅で、尾先を左右均等に下ろして泳ぐ魚の尾。

▶裾（すそ）
尾ビレのこと。「よい裾」「裾捌きのよい魚」などと使われる。

▶突っ張り
飛行機の翼のように尾先まで張っている尾。

▶絞り・絞る
突っ張りの逆で、尾張りがなく尾が閉じたように泳ぐ尾。

▶片腹
腹形が左右均等でない腹。

▶エラ下
エラ蓋の下、胸ビレ辺りが左右均等でなく片方がへこんで見えること。大きくなると曲がりになることもある。

▶踊る
泳ぎが下手な魚のこと。洗面器の中で尾を擦り、体を振りながら泳ぐ魚。他人のらんちゅうをけなしたり批判するのは失礼なので、主に関東では隠語で「この魚は少し踊るね」と洒落て話す。

▶気取ってる
首曲がりの魚。女性が小首を傾けてポーズをとっている様にたとえて、踊ると同じように洒落て話すための隠語。

▶おじぎ・ツッコミ
頭を下げて泳いだり、止まると頭が下がる魚。

▶寝かす
越冬、冬眠のこと。

▶起こす
初春の冬眠明け、初の水換え。

▶青水
緑藻類が繁殖した水。保温、色上げ、栄養補給に効果が期待できる、らんちゅう作りに必要な水。あまり濃くなり過ぎると、特に夜間に酸欠になり害にもなる。

▶古水（ふるみず）
青水と同じ。

▶新水（さらみず）
水道水や井戸水で、青水などで割水していない水。アラ水、サラ水とも書く。

▶割水（わりみず）
新水に青水（古水）を混ぜること。水作り。

▶仔引き
らんちゅうを産卵させ、稚魚から育てること。

▶仔出しがよい
卵を楽に産むメス。よい魚を産出する親魚。

▶帆柱（ほばしら）
背ビレの名残りで背に突起のあるハネ魚。

▶上見（うわみ）
らんちゅうを上から見ること。らんちゅう観賞は基本が上見である。雑誌や会報の写真は上見がほとんど。

▶横見
背腰のラインの綺麗さを横から見ること。以前はらんちゅうの写真は横写しであった。

▶池見
池の中のらんちゅうを見ること。他人の池を見る時は一言許可を得てからする。

▶土俵ダライ・審査ダライ
審査用の直径1m以上の大きなタライ。以前は木製のタライを使用していたが、管理が大変なことと作り手が少なくなったことで、最

近はFRP製がほとんど。大会では予選後、土俵ダライで比較審査する。

▶溜め池
水換え用の汲み置き池。品評会出陳用の魚を入れる池。

▶小サデ・まめサデ・選りサデ
選別用の小さいサデ網。

▶サデ網・寄せ網
魚を寄せる網。ほかの魚は網ですくうが、らんちゅうは短尾で尾先を切りやすいので、サデ網で手元に寄せて素手かボールですくう。

▶活餌
ミジンコ、アカムシ、イトミミズ、ブラインシュリンプなどの生きた餌。

▶冷凍餌
活餌（ミジンコ、アカムシ、ブラインシュリンプ）を冷凍したもの。

▶粒餌・ペレット
人工飼料。稚魚用から親用まで、らんちゅう専用の餌が多数販売されている。

▶糞濾し網
池のゴミ、糞や食べ残しの餌をすくい取るゴース生地のような目の細かい布で作った網。

▶水あたり
水換えの時に水質の違いでらんちゅうが起こすショック症状。pHショックなど。

▶エラ病
エラ蓋の開閉が止まる病気。初期は片方のエラを止め、さらに進行すると両エラが開いたままになり、さらにエラ腐れに進行し死に至る。

▶春エラ病、秋エラ病
季節の変わり目の低水温になる時期に、水換えのミスで罹るエラ病。症状は、片方のエラの動きを止めるような軽い感じなので見過ごしがち。低水温なのでゆっくりと進行し、症状が顕著に見えた時にはほかの魚にも感染して次々と死ぬこともある。春エラ病は水温が上がり始める頃に起こる。ウイルス感染と間違えられやすいが、低水温の10〜20℃の頃のエラの動きには注意が必要。

▶サシ、ツマミ、イカリ
尾芯の変形。サシやツマミはハネの対象で、審査外。イカリは審査可だが、減点の対象となる。

▶研究会
6〜8月に当歳魚を持ち寄り開かれる、勉強会を兼ねたミニ品評会。初心者にとってはらんちゅう飼育の基本を覚える場となる。

▶落とす、落ちる
魚が死ぬこと。

# 写真で見る主な傷

## 上見でハネる傷

**無傷の魚**
このように、バランスのよい無傷の魚を選びたい。

**ツマミ**
尾芯が黒く見え、成長とともに尾芯が板状になる。

**絞り**
尾の張りがないものは早めにハネる。大きくなるとさらに絞る。

**突っ張り（張り過ぎ）**
小さい時は張り過ぎの見極めが難しい。

**マクレ（メクレ）**
大きくなると尾が跳ね上がったり、めくれたりして泳ぎに影響する。

**片落ち**
尾ビレの片方に張りがなく、しぼんでいるもの。

**尾芯曲がり・芯振れ**
静止した状態で尾芯が左右どちらかに傾いている。

**エラ下**
エラの下の腹がへこんでいる。初心者には見つけにくい。

**エラ下・大**
左右の大きさの違いが成長とともに目立つようになる。

**筒のび**
腹と尾の間の空き具合。初心者には見つけにくい。

**矢尾**
黒仔の時に尾の肩に丸みがなく矢羽のような形のもの。

**片腹**
左右の腹の形が違い、大きくなるほど目立ってくる。

# 横見でハネる傷

**無傷の背腰**
傷がなく美しい背腰。尾芯の角度もよい。

**背高**
背が丸くなっている。

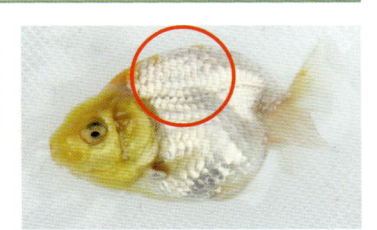

**背高（ナベヅル）**
大きくなるほど目立つ。背の傷は泳ぎに影響が出る。

**首高**
頭のすぐ後ろが高くなっているもの。成長しても直らない。

**首高**
「これくらいなら」と残した魚が成長するにつれさらに高くなる。

**止まり**
「止まり」は小さな時は見えにくい。サデ網で横見で見つける。

**大止まり**
止まりのさらに大きな欠点。

**雁首**
太く見えるのでハネられず、大きくなるとさらに角度がきつくなる。

**腰ゴツ**
腰のゴツは直らない。小さな黒仔の時にハネる。

**シャクレ**
シャクレは程度の問題。大シャクレは尾付け回りがだらしなく見える。

**ヘ腰・ヒサシ**
背から尾付けまでが「へ」の字のように直線的なもの。

**芯ダレ**
尾芯が水平に近く、角度がないもの。

**エラ蓋欠損**
エラ蓋を欠き、エラがむき出しになったもの。

**背ダレ**
へこみの前後の高さによって直るものと、より前後が高くなるものがある。

**背ゴツ**
文字通り、背にデコボコがある。

らんちゅう用語集&傷（欠点）一覧　91

# その他の傷

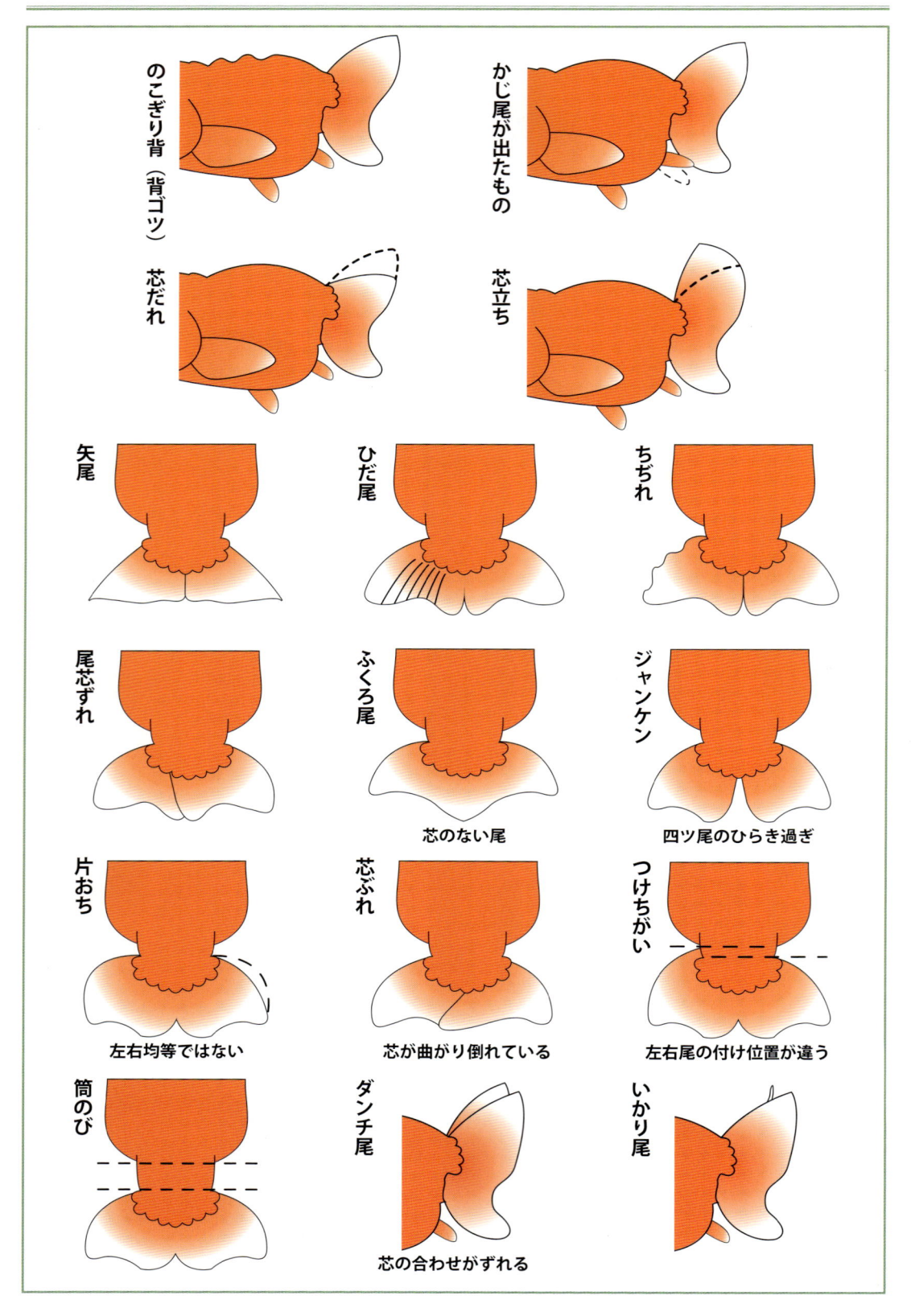

のこぎり背（背ゴツ）

かじ尾が出たもの

芯だれ

芯立ち

矢尾

ひだ尾

ちぢれ

尾芯ずれ

ふくろ尾
芯のない尾

ジャンケン
四ツ尾のひらき過ぎ

片おち
左右均等ではない

芯ぶれ
芯が曲がり倒れている

つけちがい
左右尾の付け位置が違う

筒のび

ダンチ尾
芯の合わせがずれる

いかり尾

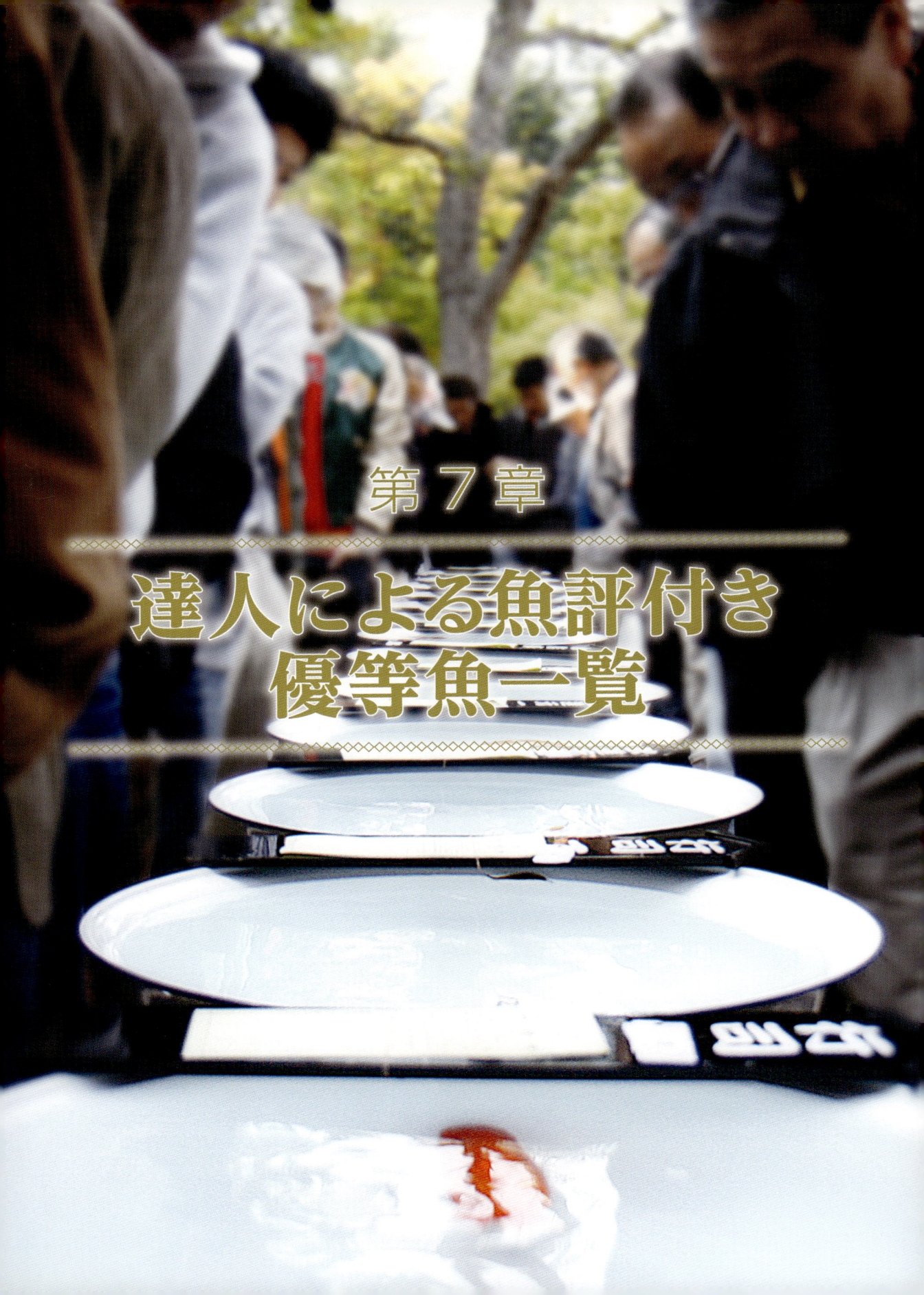

# 第7章
## 達人による魚評付き
## 優等魚一覧

# 京浜らんちゅう会 優等魚一覧

## 2009年 第45回 京浜らんちゅう会 秋季品評大会

### 当歳魚 小の部

**東大関** 宇佐美 厚氏持魚
小判型・素赤。頭は十分に形よく、龍頭。尾は前掛かりの構えよい銘魚である。

**西大関** 本田 誠一郎氏持魚
小判型・腰白。頭の上がりよく、背幅から尾筒の太みは東に勝るとも劣らない銘魚。

**立行司** 御手洗 逸夫氏持魚
小判型・面白更紗。面白ながら十分龍頭に上がり、尾構えもよい味のある優秀魚。

**取締一** 吉川 博之氏持魚
長小判型・素赤。頭の上がりもよく、尾捌きのよい泳ぎ上手な優秀魚。

**取締二** 宇佐美 厚氏持魚
小判型・一文字白勝ち更紗。色模様がよく、どこにも隙のない優秀魚。

### 当歳魚 大の部

**東大関** 鶴岡 喜市氏持魚
長小判型・小窓。形のよい龍頭、背腰、太み、尾構え、どれも東大関に相応しい貫禄十分な銘魚。

**西大関** 林 裕氏持魚
小判型・素赤。目先のある龍頭、尾構えもよい銘魚だが、太みの差で西となる。

**立行司** 井ケ田 芳郎氏持魚
長小判型・かつぶし更紗。龍頭、体の線が綺麗で、泳ぎは裾捌きのよい優秀魚。

**取締一** 山田 勝久氏持魚
小判型・素赤。龍頭、太み、尾構えは立行司に勝るが、泳ぎ調子の差。

**取締二** 山田 勝久氏持魚
長小判型・素赤。形のよい龍頭で、体の線が綺麗な尾構えのよい優秀魚。

## 弐歳魚

**東大関** 本田 誠一郎氏持魚
小判型・面白白勝ち更紗。頭は面白ながら十分に上がり、体の太みが貫禄十分な銘魚。

**西大関** 山田 勝久氏持魚
小判型・腰白。龍頭に形よく上がり、背幅の広さと尾筒の太さがそのままで、尾構えもよい銘魚。

**立行司** 藤川 直子氏持魚
小判型・頬白赤勝ち更紗。目先のある龍頭から体の線がよく、尾構え、泳ぎもよい味魚である。

**取締一** 一色 直裕氏持魚
小判型・赤勝ち更紗。目幅十分な頭から太くしっかりした胴、構えのよい尾形。親魚になった時が楽しみ。

**取締二** 菅原 多根男氏持魚
長小判型・小窓赤勝ち更紗。龍頭がよく上がり、泳ぎも裾捌きがよく、その泳ぎ姿で優等賞。

## 親魚

**東大関** 本田 誠一郎氏持魚
小判型・素赤。頭がよく上がり、幅のある胴回り、構えのよい尾形は東大関の貫禄十分な銘魚。

**西大関** 鶴岡 喜市氏持魚
小判型・素赤。頭、胴、泳ぐ姿と尾形は東に勝るようだが貫禄の差で西となった優秀魚。

**立行司** 志村 実氏持魚
小判型・面白白勝ち更紗。形よく上がった幅のある龍頭、胴・尾筒の太みは東大関にも劣らない。

**取締一** 佐藤 一彦氏持魚
小判型・赤勝ち更紗。頭、胴、尾筒の力強さは十分なれど、やや尾の張りが甘い良魚。

**取締二** 藤川 賢二氏持魚
小判型・素赤。形のよい龍頭、背腰、太みもあり構えもよいが、さらに作れば楽しみな親魚。

# 2010年　第46回 京浜らんちゅう会 秋季品評大会

## 当歳魚 小の部

**東大関** 小山 徹志氏持魚
長小判型・素赤。形よく前に突き出た龍頭に、体の線がよく尾筒は太い。前掛かりの効いた尾形で、泳ぐ姿はまさに銘魚。

**西大関** 小山 徹志氏持魚
長小判型・素赤。突き出た龍頭、肌理の細かい綺麗な鱗並び、泳ぐ姿も美しい東西差のない銘魚。

**立行司** 鏑木 時男氏持魚
小判型・かつぶし赤勝ち更紗。よく出た龍頭、尾は構えよく振り込み、目を惹き付ける味魚である。

**取締一** 林 裕氏持魚
小判型・頬白赤勝ち更紗。目先がよく出て、目からエラまで頭が深く、尾形も隙のない先行き楽しみな銘魚。

**取締二** 藤川 賢二氏持魚
小判型・更紗。額縁風の色付きが龍頭のよさを増し、質のよさをさらに上げている良魚。

## 当歳魚 大の部

**東大関** 鶴岡 喜市氏持魚
小判型・赤勝ち更紗。目先の突き出た龍頭、太みのある胴と尾筒、前掛かりの効いた尾に大関に風格がある銘魚。

**西大関** 川合 実次氏持魚
長小判型・素赤。龍頭の幅からそのまま体の線、太み十分な尾筒。弐歳の姿が楽しみな銘魚。

**立行司** 小山 徹志氏持魚
小判型・面かぶり更紗。色模様の綺麗な魚で、頭、背腰、尾形もよく人気のある味魚。

**取締一** 鶴岡 喜市氏持魚
小判型・赤勝ち更紗。頭、背腰、前掛かりの効いた尾形が派手で、狂いのない泳ぎだが、やや筒細く取締。

**取締二** 小澤 忠幸氏持魚
小判型・赤勝ち更紗。頭、胴、尾形の全て特上なれど、やや目幅の差でこの位置。ただ、弐歳の姿が楽しみ。

## 弐歳魚

**東大関** 藤川 直子氏持魚
長小判型・素赤。頭、背腰に尾形、泳ぎ全てがよく、整い過ぎた迫力はこれに勝る魚はないといえるほどの銘魚。

**西大関** 山下 久雄氏持魚
小判型・素赤。吻先よく出た頭、背幅ともに十分。迫力ある尾構えでこの地位に相応しい優秀魚。

**立行司** 鶴岡 喜市氏持魚
小判型・赤勝ち更紗。小柄だが背なりがよく、泳ぎ上手な味な魚。吻先がやや狭いが親になればさらによくなる。

**取締一** 浜田 千登世氏持魚
長小判型・素赤。十分にできた龍頭、胴回り、尾構えもよいが泳ぎ調子に少し難がありこの位置。

**取締二** 前田 哲朗氏持魚
長小判型・かつぶし更紗。頭のできもよく、背腰、尾形も隙のないよい魚。先行き、さらに楽しみな良魚。

## 親魚

**東大関** 坂口 久利氏持魚
小判型・素赤。頭、胴回りは迫力満点なできで尾形もよく、東大関に相応しい貫禄十分な銘魚。

**西大関** 飯島 紳一氏持魚
小判型・腰白更紗。頭、背腰、筒の太み十分な作り、色模様も派手に見せるが迫力の差で西となる。

**立行司** 吉川 博之氏持魚
小判型・素赤。頭はよく上がり尾構えもよいが、尾筒は細い。泳ぎのよさで優等賞。

**取締一** 赤井 勲氏持魚
小判型・赤勝ち更紗。目幅のある頭、胴回りの太みは貫禄十分だが、泳ぎ調子でこの位置。

**取締二** 山下 久雄氏持魚
頭の上がり、太い胴回りと尾筒、構えのよい尾形。泳ぎの調子で取締だが貫禄は十分。

# 2011年 第47回 京浜らんちゅう会 秋季品評大会

## 当歳魚 小の部

**東大関** 吉川 博之氏持魚
長小判・素赤。龍頭、背腰、尾筒ともに十分で、泳ぎは前掛かりの効いた裾捌き。小の部の東に相応しい味魚。

**西大関** 白根 勇氏持魚
小判型・赤勝ち更紗。吻先のある龍頭、目幅のままの太く幅広い胴、裾捌きのよい尾形は東に劣らない銘魚。

**立行司** 鶴岡 喜市氏持魚
長小判型・素赤。頭から体の線が美しく、泳ぐ姿を見て欲しいというような派手な裾捌き。これぞ小の部の立行司。

**取締一** 藤川 直子氏持魚
小判型・頬白赤勝ち更紗。頭、胴回り、尾筒ともに十分な作り、構えのよい尾形。泳ぎ調子の差で取締。

**取締二** 一色 直裕氏持魚
小判型・素赤。形よい龍頭に綺麗な背腰、隙を見せない泳ぎで優等賞。

## 当歳魚 大の部

**東大関** 小山 徹志氏持魚
長小判型・素赤。前に突き出た龍頭、締まった胴回り、構えのよい尾形は大関の貫禄十分な銘魚。

**西大関** 山田 勝久氏持魚
小判型・頬白赤勝ち更紗。目幅のある龍頭、太み十分な胴、腹を叩く尾捌き上手で西大関。

**立行司** 鶴岡 喜市氏持魚
小判型・素赤。頭、太い胴回りと尾筒、前掛かりのある尾形。弐歳の姿を見てみたい銘魚。

**取締一** 山田 勝久氏持魚
長小判型・素赤。龍頭の幅そのままに胴回りから尾筒まで太み十分。普通尾ながら振り込みがよい優秀魚。

**取締二** 佐藤 一彦氏持魚
小判型・素赤。幅広い背なり、前掛かりのある力強い尾形の優秀魚。目先の幅があれば東。

## 弐歳魚

**東大関** 小山 徹志氏持魚
小判型・白勝ち更紗。面白にかんざしがよく、龍頭に上がった太い魚。構えも狂いのない尾。親になった姿を見たい銘魚。

**西大関** 菅原 多根男氏持魚
長小判型・かつぶし更紗。背腰のかつぶし模様は目を引く色合い。尾筒の太さは尾まで力強く見せる優秀魚。

**立行司** 山田 勝久氏持魚
小判型・素赤。龍頭の目幅が広く、そのままの幅の胴回り。尾筒は丸く太く、前掛かりの効いた尾構えの良魚。

**取締一** 下山 宏一氏持魚
長小判型・赤勝ち更紗。吻先がよく出た龍頭で、胴、背腰、尾形は一級品。筒の色具合でやや細く見せ惜しい。

**取締二** 小山 徹志氏持魚
小判型・更紗。角に上がった頭、色模様の綺麗な魚。太い胴回りと尾筒、尾捌き上手な優秀魚。

## 親魚

**東大関** 赤井 勲氏持魚
長小判型・赤勝ち更紗。頭が大きくでき上がり、迫力ある堂々たる泳ぎで貫禄十分。大物の風格ある銘魚。

**西大関** 菅原 多根男氏持魚
長小判・大窓赤勝ち更紗。角に上がった頭、胴回りは十分なれど、頭が浅く、その差で西となる。

**立行司** 山田 勝久氏持魚
小判型・赤勝ち更紗。形のよい龍頭に締まった体、構えのよい尾形。太みのある味魚で、歳とともに崩れない銘魚。

**取締一** 坂口 久利氏持魚
小判型・素赤。親らしい頭と胴回りの迫力十分な良魚。尾形がやや体に負けているためこの位置。

**取締二** 下山 宏一氏持魚
小判型・赤勝ち更紗。吻先からエラまでが長く頭が大きい。背腰、尾形は上に勝るが貫禄でこの位置。

# 2012年 第48回 京浜らんちゅう会 秋季品評大会

## 当歳魚 小の部

**東大関** 山田 勝久氏持魚
小判型・素赤。目先のある龍頭に背腰の鱗並びが美しい。色上がりもよく、前掛かりの効いた尾捌き上手な銘魚。

**西大関** 志村 実氏持魚
長小判型・かつぶし更紗。体の線が美しく、特に尾形の構えよく、裾先を下ろした泳ぎは軽く、先が楽しみな良魚。

**立行司** 鶴岡 喜市氏持魚
小判型・赤勝ち更紗。形のよい龍頭、胴回りも十分なでき上がり。泳ぎ調子もよく長く楽しめそうな銘魚である。

**取締一** 佐藤 一彦氏持魚
小判型・窓赤勝ち更紗。角に上がった頭、背腰、尾筒どれも無傷でよいが、泳ぎ調子でこの位置。

**取締二** 佐藤 一彦氏持魚
小判型・大窓更紗。角の頭は形よく、背幅は広く太みも十分だが、胸ビレ、尾筒の色模様で少し見劣りしたか。

## 当歳魚 大の部

**東大関** 藤川 直子氏持魚
長小判型・赤勝ち更紗。前によく突き出た龍頭、胴回りは十分。尾筒も太く腹を叩く前掛かり尾形で貫禄十分な銘魚。

**西大関** 下山 宏一氏持魚
長小判型・赤勝ち更紗。角に上がった頭、体の線に狂いのないすっきりした胴。尾形のよさは東にも劣らないが腹付きの差で西。

**立行司** 吉田 二朗氏持魚
小判型・赤勝ち更紗。頭の上がりは十分。綺麗な背腰、振り込みのよい尾捌きで立行司の味魚。

**取締一** 山田 勝久氏持魚
長小判型・素赤。よく前に突き出た龍頭、肌理の細かい鱗。尾形もよいが力強さに欠けこの位置。

**取締二** 白根 勇氏持魚
小判型・素赤。目幅のあるエラ深い龍頭。太み十分な胴回りと尾筒。構えのよい尾形だが、泳ぎ調子で取締。

## 弐歳魚

**東大関** 山下 久雄氏持魚
小判型・赤勝ち更紗。十分に上がった頭、背からそのままの幅の尾筒。太い魚は力強く、さらに作れば数年はその地位は揺るがないような良魚。

**西大関** 白根 勇氏持魚
小判型・素赤。親らしく十分にできた頭と胴回りに、隙のない尾形。貫禄は東にも優る西大関。

**立行司** 山下 久雄氏持魚
小判型・素赤。幅の広い龍頭。小判型そのものの姿、構えのよい尾形は2～3年後が楽しみ。

**取締一** 佐藤 幸雄氏持魚
小判型・素赤。頭、胴回りは貫禄十分の作り。泳ぎ調子にやや難があったがよく作り上げられた優秀魚。

**取締二** 下山 宏一氏持魚
小判型・素赤。頭、尾形、十分にできた胴回り。よくできた体に尾がやや力負け。されど貫禄十分。

## 親魚

**東大関** 菅原 多根男氏持魚
長小判型・かつぶし赤勝ち更紗。頭は十分上がり、胴回り、尾筒の太さはがっちりとして貫禄十分。まだできに余裕がある。

**西大関** 鶴岡 喜市氏持魚
小判型・素赤。形のよい龍頭、背腰、尾筒、尾形が完璧。整い過ぎておとなしく、東の豪快さに押し負け西大関。

**立行司** 山田 勝久氏持魚
小判型・素赤。形のよい龍頭、胴回りは十分にでき、前掛かりの効いた尾形で隙のない銘魚。

**取締一** 藤川 直子氏持魚
小判型・素赤。背腰は綺麗な背なり、前掛かりの効いた尾形で泳ぐが、やや頭がおとなしくこの位置。

**取締二** 藤川 賢二氏持魚
長小判型・素赤。龍頭は十分なでき、背腰の鱗は肌理細かく、尾構えもよい。豪快さが出ればなおよい。

優等魚一覧 101

# あとがき

　本書の前身となる『らんちゅう指南』の発刊から10年近く経ち、らんちゅうの飼育環境は大きな変化を遂げているように感じられます。

　近年、温暖化による夏の暑さがらんちゅう飼育に少なからず影響を与えています。私がらんちゅう飼育を始めた昭和30年代の頃と現在とでは、まず水換えの日数が変わりました。以前は週1回の水換えが普通でしたが、今では水換え後4日目、真夏では3日目で次の水換えをしなくてはならなくなりました。

　一方で飼育器具、池、人工飼料、冷凍飼料などは以前とは比較にならないほどよくなり、近年では活餌を採取する必要もなくなり、飼育が楽になりました。

　また、らんちゅうを販売する専門業者やショップも増え、インターネットでも購入できる時代となって間口が広がり、若い人から高齢者まで飼育しやすい環境が整い、大人の趣味として気軽に飼育を始められるようになりました。

　それでも、せっかくらんちゅうを買って飼育を始めたのに、何度挑戦しても死なせてしまい、「らんちゅうは弱い、死にやすい」というイメージを抱いてしまう初心者や、「何年飼育してもよい魚ができない」「親魚まで育てられない」「品評大会ではいつも見学だけ」という愛好家も未だに多いようです。

　しかし、らんちゅうは水換え、選別、給餌を正しく行えば健康にしっかりと育ちます。

　本書では、1年を通した飼育のコツ、初心者のための選別のヒントなどを分かりやすく解説しているので、水換えのリズムを掴み、正しい選別を覚えて立派ならんちゅうを作り上げてください。

山田勝久

▶ **著者紹介**

**山田勝久**

神奈川県横浜市に生まれる。中学生の頃にらんちゅうと出会い、飼育を始める。昭和39（1964）年、京浜らんちゅう会に入会。以降、観魚会副会長、観魚会審査長などを歴任し、全ての部門において審査長を務めた。現在は、京浜らんちゅう会会長を務める。

▶ **フォトグラファー紹介**

**一色直裕**

東京都豊島区に生まれる。広告写真家としてゴルフクラブ、ファミリーレストランのメニュー、食品のパッケージなどの撮影に携わる一方、らんちゅうの愛好会に所属して30年になる。当初より会報用の写真撮影を担当。平成13（2001）年より山田勝久氏を師として、本格的に仔引きからの魚作りを開始。観魚会、京浜らんちゅう会、日本写真家協会（JPS）各会員。

## らんちゅうの教科書

Midori Shobo Co.,Ltd

2013年9月1日　第1刷発行

著　者　山田勝久
写　真　一色直裕、山田勝久
発行者　森田　猛
発行所　株式会社緑書房
　　　　〒103-0004　東京都中央区東日本橋2丁目8番3号
　　　　TEL　03-6833-0560
　　　　http://www.pet-honpo.com
協　力　生麦海水魚センター らんちゅう部
本文・カバーデザイン　株式会社ニホンバレ
印刷／製本　株式会社廣済堂

©Katsuhisa Yamada, Naohiro Isshiki
ISBN 978-4-89531-149-6　Printed in Japan
落丁、乱丁本は弊社送料負担にてお取り替えいたします。

本書の複写にかかる複製、上映、譲渡、公衆送信（送信可能化も含む）の各権利は株式会社緑書房が管理の委託を受けています。

JCOPY ＜(社)出版者著作権管理機構　委託出版物＞
本書を無断で複写複製（電子化を含む）することは、著作権法上での例外を除き、禁じられています。本書を複写される場合は、そのつど事前に、㈳出版者著作権管理機構（電話 03-3513-6969、FAX 03-3513-6979、e-mail：info@jcopy.or.jp）の許諾を得てください。
また本書を代行業者等の第三者に依頼してスキャンやデジタル化することは、たとえ個人や家庭内での利用であっても一切認められておりません。